高等职业教育工业机器人技术专业教材

机电概念设计（MCD）应用实例教程

主　编　黄文汉　陈　斌

副主编　张秋容　朱俊杰　陈炼杰

中国水利水电出版社
www.waterpub.com.cn

·北京·

内 容 提 要

MCD 作为基于 UG NX 平台的机电产品计算机辅助概念设计工具，其解决方案是一种全新解决方案，适用于机电一体化产品的概念设计。借助该软件，可对包含多物理场以及通常存在于机电一体化产品中的自动化相关行为的概念进行 3D 建模和仿真，实现创新性的设计，满足机械设计人员日益提高的要求，不断提高机械的生产效率、缩短设计周期和降低生产成本。本书以 UG NX 12.0 机电概念设计（MCD）为软件平台，结合学生的认知规律，通过机电一体化设计平台认识与实践、自动钻床控制系统 MCD 应用、自动分拣系统 MCD 应用 3 个项目，选取由简单到复杂、单一到综合的 9 个任务 20 个示范案例，将机电概念设计解决方案嵌入到完成具体的 MCD 虚拟仿真实训任务中，激发学习兴趣，培养学生机电一体化概念设计方面的实践能力、创新能力和综合应用能力。

本书内容符合机电概念设计 MCD 初学者的学习规律，循序渐进、图文并茂、实操性强，可作为高职高专院校机电一体化、电气自动化、工业机器人技术等专业的教材或教学参考书，也可作为从事机电一体化技术、工业机器人技术、电气自动化技术等相关工作的工程技术人员的培训或自学用书。

图书在版编目（C I P）数据

机电概念设计（MCD）应用实例教程 / 黄文汉，陈斌主编. -- 北京：中国水利水电出版社，2020.8（2024.1重印）
高等职业教育工业机器人技术专业教材
ISBN 978-7-5170-8717-5

Ⅰ. ①机… Ⅱ. ①黄… ②陈… Ⅲ. ①机电一体化－系统设计－高等职业教育－教材 Ⅳ. ①TH-39

中国版本图书馆CIP数据核字(2020)第132809号

策划编辑：陈红华　　责任编辑：魏渊源　　加工编辑：高双春　　封面设计：梁　燕

书　　名	高等职业教育工业机器人技术专业教材 机电概念设计（MCD）应用实例教程 JIDIAN GAINIAN SHEJI（MCD）YINGYONG SHILI JIAOCHENG
作　　者	主　编　黄文汉　陈　斌 副主编　张秋容　朱俊杰　陈炼杰
出版发行	中国水利水电出版社 （北京市海淀区玉渊潭南路 1 号 D 座　100038） 网址：www.waterpub.com.cn E-mail：mchannel@263.net（答疑） 　　　　　sales@mwr.gov.cn 电话：(010) 68545888（营销中心）、82562819（组稿）
经　　售	北京科水图书销售有限公司 电话：(010) 68545874、63202643 全国各地新华书店和相关出版物销售网点
排　　版	北京万水电子信息有限公司
印　　刷	三河市德贤弘印务有限公司
规　　格	184mm×260mm　16 开本　13.75 印张　342 千字
版　　次	2020 年 8 月第 1 版　2024 年 1 月第 4 次印刷
印　　数	7001—9000 册
定　　价	36.00 元

前　　言

工业仿真软件实现了虚拟和现实的交互，让工业 4.0 真正落地。而 UG NX 12.0 的机电概念设计（MCD）是一种全新解决方案，适用于机电一体化产品的概念设计。借助 MCD，可对包含多物理场以及通常存在于机电一体化产品中的自动化相关行为的概念进行 3D 建模和仿真。目前，机电概念设计技术已经成为部分院校机电一体化、电气自动化、工业机器人技术等专业的必修课程。通过对 MCD 机电概念设计基础的学习，学生的创新性设计理念和设计能力均可得到提升，为将来从事机电设备设计工作提供技术支持。

本书以 UG NX 12.0 机电概念设计（MCD）为软件平台，结合学生的认知规律，将机电概念设计解决方案嵌入到完成具体的 MCD 虚拟仿真案例任务中，激发学习兴趣，培养学生机电一体化概念设计方面的实践能力、创新能力和综合应用能力。

本书第一部分"机电一体化设计平台认识与实践"的 7 个任务 14 个示范案例按照由简单到复杂、由单一到综合的规律介绍了 UG NX 12.0 机电概念设计（MCD）的基本机电对象、运动副与约束、传感器和执行器、仿真序列、信号适配器的定义和相关参数的设置方法；第二部分"机电设备控制系统 MCD 应用实例"的 2 个任务 6 个示范案例，将机电概念设计的工作过程"基本机电对象的定义—运动副和约束的定义—传感器和执行器定义—运动时行为定义—信号配置—整机仿真"和学习过程相结合，提升机电概念设计实践能力。本书充分体现了一体化教学中的"做中学"，让学生在完成任务的过程中掌握机电概念设计的知识和技能。

本书由河源职业技术学院的黄文汉、广州高谱技术有限公司的陈斌任主编，河源职业技术学院的张秋容、朱俊杰、陈炼杰任副主编。参与资料整理的有河源职业技术学院的学生黄恺斌、张文婷、朱醒托等。在此还要特别感谢广州高谱技术有限公司提供的有关技术数据和示范案例资源，感谢中国科学院自动化研究所常州智能机器人研究所所长胡建军博士、西门子（中国）有限公司数字化工业集团工厂自动化事业部数字化部门经理张鹏飞，他们对书中内容的编排、案例选取、难易程度的把握等提出了宝贵的意见。

由于编者水平有限，加之编写时间仓促，书中难免存在疏漏和不足之处，恳请读者批评指正。

作　者

2020 年 5 月

目　　录

第1部分　机电一体化设计平台认识与实践

本部分以机电一体化设计平台认识为起点，以机电概念设计（MCD）必备的理论知识为切入点，设计由简到繁、由单一到复杂的入门级的7个任务14个示范案例，分别介绍机电概念设计（MCD）的基本机电对象、运动副与约束、传感器和执行器、仿真序列、信号适配器的定义和相关参数的设置方法，目的是让学生掌握基本设计思路、基本设计基础，具备MCD平台的应用能力。

知识目标

1. 了解机电一体化设计平台的功能和作用。
2. 理解各基本机电对象物理属性的意义。
3. 理解各运动副、约束、碰撞材料各参数的意义及使用方法。
4. 理解各电气传感器的参数意义。
5. 理解并掌握 MCD、OPC、PLC 之间联调的方法。
6. 理解并掌握各逻辑控制、运动控制、数字控制、外部控制参数的意义和用法。

技能目标

1. 能熟练操作机电一体化设计平台。
2. 能定义刚体、对象源、对象收集器、碰撞体、传输面、碰撞面等物理特性。
3. 能定义铰链副、滑动副、柱面副、螺旋副、球副等运动副的物理特性。
4. 能运用约束、耦合副定制机构运动。
5. 能借助 MCD 平台对包含多物理场以及通常存在于机电一体化产品中的自动化相关行为的概念进行仿真。
6. 能综合运用机械、电气、自动化等的相关知识完成 MCD、OPC、PLC 之间的联调。

素质目标

1. 具有坚定正确的政治信念、良好的职业道德和科学的创新精神。
2. 具有良好的心理素质和健康的体魄。
3. 具有分析与决策的能力。
4. 具有与他人合作、沟通、团队工作的能力。

任务 1　定义基本机电对象

【任务描述】

基本机电对象是 MCD 物理引擎的基础。在 MCD 平台中，通过定义几何体为刚体对象、碰撞体赋予其特有的物理特性，真实还原几何体的质量、惯性、摩擦、碰撞等物理属性，进而实现模型的物理仿真。

【任务分析】

本任务需要学生清楚刚体的物理特性，知道在空间环境下刚体的运动趋势，并通过 3 个示范案例完成相关基本机电对象的定义，设定对象源和对象收集器实现物料的产生与收集，形成一条完整的物料流。

【任务目标】

1. 了解基本机电对象——刚体、碰撞体、对象源、对象收集器的概念。
2. 理解刚体、碰撞体、对象源、对象收集器各参数的含义。
3. 掌握定义刚体、碰撞体、对象源、对象收集器的方法。
4. 熟悉刚体、碰撞体、对象源、对象收集器的应用。

【相关知识】

1. 刚体

刚体组件可使几何对象在物理系统的控制下运动,刚体可接受外力与扭矩力来保证几何对象如同在真实世界中那样进行运动。任何几何对象只有添加了刚体组件才能受到重力或者其他作用力的影响，例如定义了刚体的几何体受重力影响会落下。

如果几何体未定义刚体对象，那么这个几何体将完全静止。

刚体具有以下物理属性：

- 质量和惯性
- 平动和转动速度
- 质心位置和方位（由所选几何对象决定）

注：一个或多个几何体上只能添加一个刚体，刚体之间不可产生交集。

定义刚体：单击停靠功能区"主页"下的"机械"组中的"刚体"图标 （图 1-1-1），弹出"刚体"对话框（图 1-1-2），定义刚体参数（表 1-1-1）。

图 1-1-1　刚体入口位置

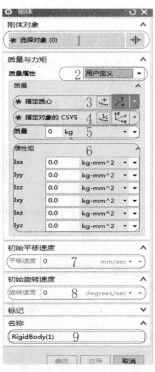

图 1-1-2　"刚体"对话框

表 1-1-1　刚体参数

序号	参数	描述
1	选择对象	选择一个或者多个对象，所选择的对象将会生成一个刚体
2	质量属性	• 一般来说尽可能设置为"自动"，设置为"自动"后 MCD 将会根据几何信息自动计算质量 • "用户自定义"需要用户按照需要手工输入相对应的参数
3	质心	选择一个点作为刚体的质心
4	指定对象的 CSYS	定义坐标系，此坐标系将作为计算惯性矩的依据
5	质量	作用在"质心"的质量
6	惯性矩	定义惯性矩矩阵 $\begin{bmatrix} I_{xx} & I_{xy} & I_{xz} \\ I_{xy} & I_{yy} & I_{yz} \\ I_{xz} & I_{yz} & I_{zz} \end{bmatrix}$
7	初始平移速度	为刚体定义初始平移速度的大小 $\begin{bmatrix} v_x \\ v_y \\ v_z \end{bmatrix}$ 和方向
8	初始旋转速度	为刚体定义初始旋转速度的大小 $\begin{bmatrix} w_x \\ w_y \\ w_z \end{bmatrix}$ 和方向
9	名称	定义刚体的名称

2. 碰撞体

碰撞体：碰撞体是物理组件的一类，它要与刚体一起添加到几何对象上才能触发碰撞。如果两个刚体相互撞在一起，除非两个对象都定义有碰撞体时物理引擎才会计算碰撞。在物理模拟中，没有碰撞体的刚体会彼此相互穿过。

定义碰撞体：单击停靠功能区"主页"下的"机械"组中的"碰撞体"图标 <img_1>（图 1-1-3），弹出"碰撞体"对话框（图 1-1-4），定义碰撞体参数（表 1-1-2）。

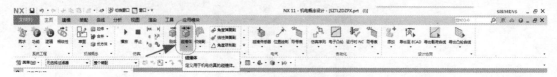

图 1-1-3 碰撞体入口位置

图 1-1-4 "碰撞体"对话框

表 1-1-2 碰撞体参数

序号	参数	描述
1	选择对象	选择一个或多个几何体，将会根据所选择的所有几何体计算碰撞形状
2	碰撞形状	碰撞形状的类型： • 方块 • 球 • 胶囊 • 凸多面体
3	形状属性	• "自动"默认形状属性，自动计算碰撞形状 • "用户自定义"要求用户输入自定义的参数

序号	参数	描述
4	指定点	碰撞形状的几何中心点
5	指定 CSYS	为当前的碰撞形状指定 CSYS
6	碰撞形状尺寸	定义碰撞形状的尺寸，这些尺寸类型取决于碰撞形状的类型
7	碰撞材料	以下属性参数取决于材料： • 静摩擦力 • 动摩擦力 • 恢复
8	类别	只有定义了起作用类别中的两个或多个几何体才会发生碰撞。如果在一个场景中有很多个几何体，利用类别将会减少计算几何体是否会发生碰撞的时间
9	名称	定义碰撞体的名称

3. 对象源

对象源：利用对象源在特定时间间隔创建多个外表、属性相同的对象。特别适用于物料流案例中。

定义对象源：单击停靠功能区"主页"下的"机械"组中的"对象源"图标 ，在下拉列表中选择"对象源"（图 1-1-5），弹出"对象源"对话框（图 1-1-6），定义对象源参数（表 1-1-3）。

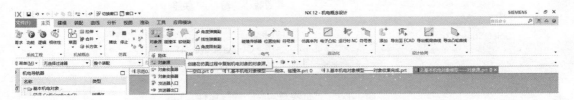

图 1-1-5　对象源入口位置

图 1-1-6　"对象源"对话框

表 1-1-3　定义对象源参数

序号	参数	描述
1	选择对象	选择要复制的对象
2	触发	・ 基于时间——在指定的时间间隔复制一次 ・ 每次激活时一次
3	时间间隔	设置时间间隔
4	起始偏置	设置多少秒之后开始复制对象
5	名称	定义对象源的名称

每次激活时一次：当"对象源"的属性 active = true 时，代表对象源激活一次，如图 1-1-7 所示。此属性会在下一个分步自动变为 false。

图 1-1-7　"每次激活时一次"属性

4. 对象收集器

对象收集器：当对象源生成的对象与对象收集器发生碰撞时，消除这个对象。下面这个示范展示了对象源和对象收集器是如何工作的，以及作用效果。

定义对象收集器：单击停靠功能区"主页"下的"机械"组中的"对象源"图标 ，在下拉列表中选择"对象收集器"（图 1-1-8），弹出"对象收集器"对话框（图 1-1-9），定义对象收集器参数（表 1-1-4）。

注：只有对象源产生的对象才可以被对象收集器删除。

图 1-1-8　对象收集器入口位置

图 1-1-9　"对象收集器"对话框

表 1-1-4　对象收集器参数

序号	参数	描述
1	选择碰撞传感器	选择一个碰撞传感器
2	产生器	• 任意——收集任何对象源生成的对象 • 仅选定的——只收集指定的对象源生成的对象
3	源	只有选定的对象源生成的对象可以被这个对象收集器删除
4	名称	定义对象收集器的名称

【任务示范】

示范 1：定义基本机电对象——刚体、碰撞体

示范 1：定义基本机电
对象——刚体碰撞体

步骤 1：打开文件"示范 1.基本机电对象模型——刚体，碰撞体.prt"，进入 MCD 环境，如图 1-1-10 所示。

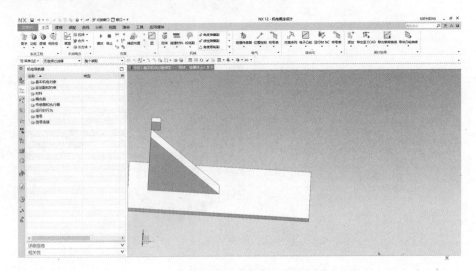

图 1-1-10　进入 MCD 环境

步骤 2：打开"刚体"对话框，定义刚体 RigidBody(1)，选择对象为黄色高亮部分，参数与命名如图 1-1-11 所示。

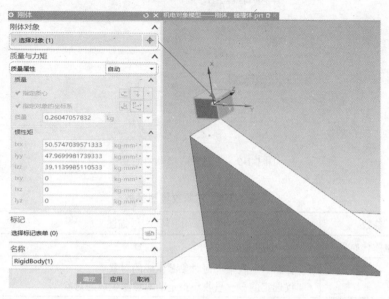

图 1-1-11　定义刚体 RigidBody(1)

步骤 3：打开"碰撞体"对话框，分别定义碰撞体 CollisionBody(1)、CollisionBody(2)、CollisionBody(3)，其选择对象分别为黄色高亮部分，如图 1-1-12～图 1-1-14 所示。

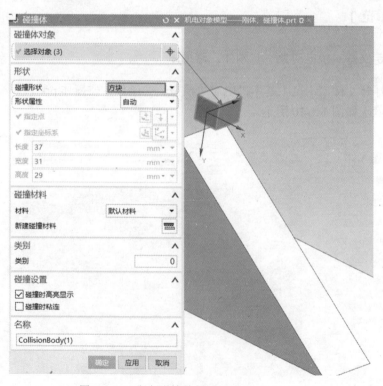

图 1-1-12　定义碰撞体属性 CollisionBody(1)

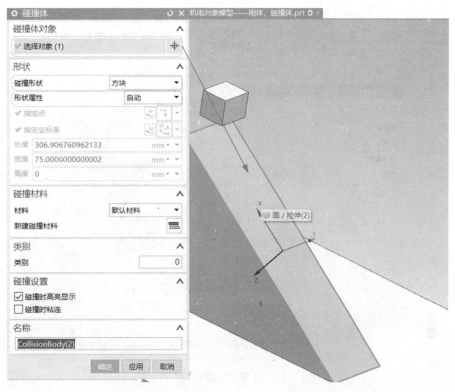

图 1-1-13　定义碰撞体属性 CollisionBody(2)

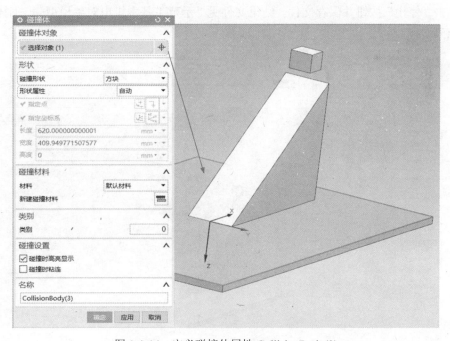

图 1-1-14　定义碰撞体属性 CollisionBody(3)

步骤 4：打开"碰撞材料"对话框，输入参数属性，动摩擦 0.1，静摩擦 0.1，滚动摩擦 0，恢复 0.01，如图 1-1-15 所示。

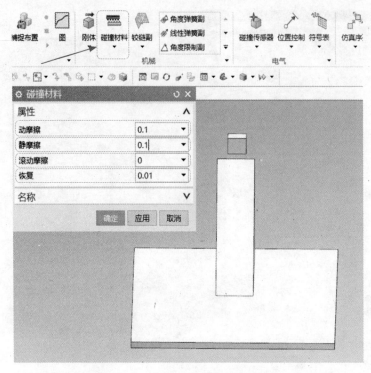

图 1-1-15　打开"碰撞材料"对话框

　　步骤 5：单击仿真栏中的"播放"按钮观看刚体应用的运动仿真结果，如图 1-1-16 所示，观看后单击"停止"按钮并保存文件。结果文件见"示范 1.基本机电对象模型——刚体，碰撞体 OK.prt"。

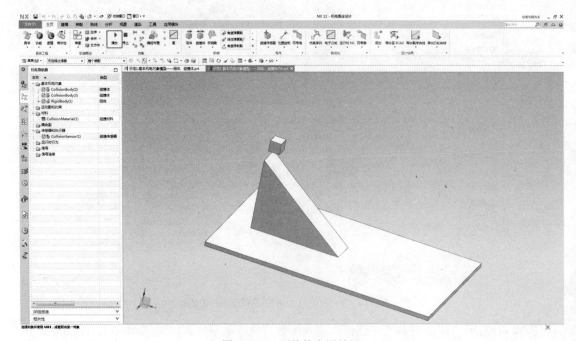

图 1-1-16　刚体的应用效果

示范 2：定义基本机电对象——对象源

步骤 1：打开文件"示范 2.基本机电对象模型——对象源.prt"进入 MCD 环境，如图 1-1-17 所示。

示范 2：定义基本机电对象——对象源

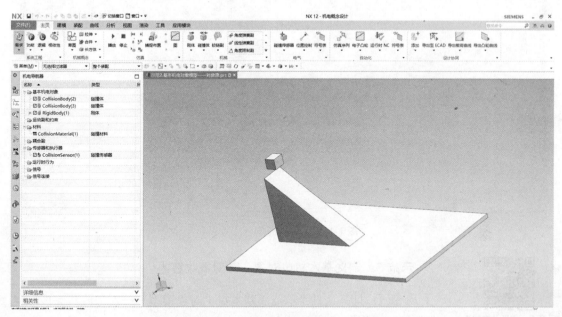

图 1-1-17　进入基本机电对象模型——对象源环境

步骤 2：打开"对象源"对话框，在"要复制的对象"中选择刚体 RigidBody(1)，如图 1-1-18 所示。

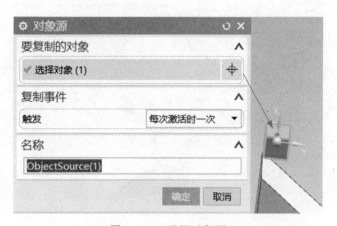

图 1-1-18　选择对象源

步骤 3：单击仿真栏中的"播放"按钮观看对象源应用的仿真结果，如图 1-1-19 所示，观看后单击"停止"按钮并保存文件。结果文件见"示范 2.基本机电对象模型——对象源 OK.prt"。

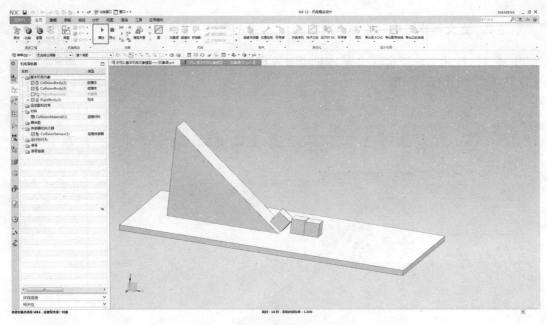

图 1-1-19　对象源的应用效果

示范 3：定义基本机电
对象——对象收集器

示范 3：定义基本机电对象——对象收集器

步骤 1：打开文件"示范 3.基本机电对象模型——对象收集完成.prt"，进入 MCD 环境，如图 1-1-20 所示。

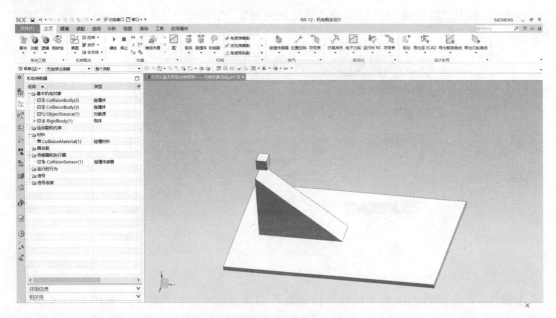

图 1-1-20　打开模型文件

步骤 2：打开"对象收集器"对话框，选择对象为黄色高亮部分，参数与命名如图 1-1-21 所示。

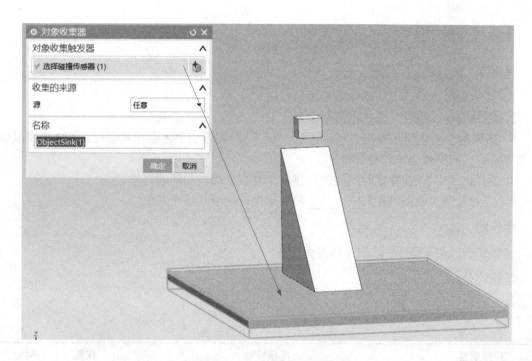

图 1-1-21　对象收集器设置

步骤 3：单击仿真栏中的"播放"按钮观看对象收集器应用的仿真结果，如图 1-1-22 所示，观看后单击"停止"按钮并保存文件。结果文件见"示范 3.基本机电对象模型——对象收集 OK.prt"。

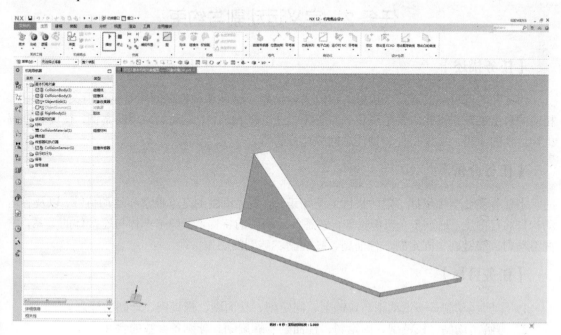

图 1-1-22　对象收集器的应用效果

【思考与练习】

理论题

1. 在机电概念设计中，刚体的作用是什么？
2. 刚体有什么特性？请说出两个以上。
3. 如果两个刚体相互撞在一起，定义＿＿＿＿时物理引擎才会计算碰撞。在物理模拟中，没有＿＿＿＿的刚体会彼此相互穿过。
4. 利用＿＿＿＿在特定时间间隔创建多个外表、属性相同的对象。
5. 当对象源生成的对象与＿＿＿＿发生碰撞时，消除这个对象。

操作题

考核评分完成示范 1～示范 3 的操作任务。

考核评分

任务考核评分表见表 1-1-5。

表 1-1-5　任务考核评分表

评分项目	考核标准	权重	得分
理论题	能正确理解刚体、碰撞体、对象源、对象收集器的特性	40%	
操作题	完成示范 1～示范 3 的实操任务，实现目标要求：正确配置刚体、碰撞体、对象源、对象收集器的参数	60%	

任务 2　定义运动副与约束

【任务描述】

　　两构件之间可动的连接（接触）组成了运动副。构件和构件之间相对运动但又受到约束，相应的自由度数量也随之发生变化。本任务通过讲解 MCD 中运动副应用的案例，使读者理解机构运动的原理，实现构件和构件之间的运行仿真。

【任务分析】

　　本任务需要学生掌握一定的机械运动知识，清楚运动副的基本概念和运动特性，以及各运动构件的自由度。通过多个范例操作，熟悉各运动副的特性，理解基本体与连接体的关系，掌握滑动副、铰链副、固定副、柱面副、螺旋副、球副的动作特征。

【任务目标】

1. 了解运动副——滑动副、铰链副、固定副、柱面副、螺旋副、球副的概念。
2. 理解滑动副、铰链副、固定副、柱面副、螺旋副、球副各参数的含义。
3. 掌握定义滑动副、铰链副、固定副、柱面副、螺旋副、球副的方法。
4. 能综合运用滑动副、铰链副、固定副、柱面副、螺旋副、球副的定义方法完成实例仿真。

【相关知识】

运动副是两构件直接接触并能产生相对运动的活动连接。

1. 铰链副

铰链副：组成运动副的两个构件只能绕某一轴线作相对转动的运动副。铰链副具有一个旋转自由度。

定义铰链副：单击停靠功能区"主页"下的"机械"组中的"铰链副"图标 （图 1-2-1），弹出"铰链副"对话框（图 1-2-2），定义铰链副参数（表 1-2-1）。

图 1-2-1　铰链副入口位置

图 1-2-2　"铰链副"对话框

表 1-2-1　铰链副参数

序号	参数	描述
1	选择连接件	选择需要添加铰链约束的刚体
2	选择基本件	选择与连接件连接的另一刚体
3	指定轴矢量	指定旋转轴
4	指定锚点	指定旋转轴锚点
5	起始角	在模拟仿真还没有开始之前连接件相对于基本件的角度
6	名称	定义铰链副的名称

注　如果基本件为空，则代表连接件和引擎中的地面连接。

2. 滑动副

滑动副：组成运动副的两个构件之间只能按照某一方向作相对移动的运动副。滑动副具有一个平移自由度。如果几何体未定义刚体对象，那么这个几何体将完全静止。

定义滑动副：单击停靠功能区"主页"下的"机械"组中的"铰链副"下拉按钮，在下拉列表中选择"滑动副"图标 （图 1-2-3），弹出"滑动副"对话框（图 1-2-4），定义滑动副参数（表 1-2-2）。

图 1-2-3　滑动副入口位置

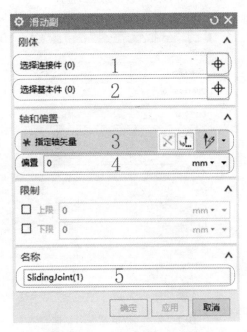

图 1-2-4　"滑动副"对话框

表 1-2-2　滑动副参数

序号	参数	描述
1	选择连接件	选择需要添加滑动约束的刚体
2	选择基本件	选择与连接件连接的另一刚体
3	指定轴矢量	指定旋转轴
4	偏置	在模拟仿真还没有开始之前连接件相对于基本件的距离
5	名称	定义滑动副的名称

注　如果基本件为空，则代表连接件和引擎中的地面连接。

3. 固定副

固定副：将一个构件固定到另一个构件上的运动副。固定副的所有自由度均被约束，自由度个数为 0。

固定副用在以下场合：

- 将刚体固定到一个固定的位置，比如引擎中的大地（基本件为空）。
- 将两个刚体固定在一起，此时两个刚体将一起运动。

定义固定副：单击停靠功能区"主页"下的"机械"组中的"铰链副"下拉按钮，在下拉列表中选择"固定副"图标 （图 1-2-5），弹出"固定副"对话框（图 1-2-6），定义固定副参数（表 1-2-3）。

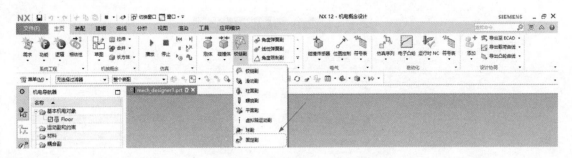

图 1-2-5　固定副入口位置

图 1-2-6　"固定副"对话框

表 1-2-3　固定副参数

序号	参数	描述
1	选择连接件	选择需要添加固定约束的刚体
2	选择基本件	选择与连接件连接的另一刚体
3	名称	定义固定副的名称

注　如果基本件为空，则代表连接件和引擎中的地面连接。

4. 螺旋副

螺旋副：连接实现了一个部件绕另一个部件（或机架）作相对螺旋运动的运动副。螺旋副连接只限制了 1 个自由度，物体在除轴心方向外可任意运动。

定义螺旋副：单击停靠功能区"主页"下的"机械"组中的"绞链副"下拉按钮，在下拉列表中选择"滑动副"图标 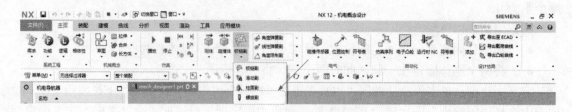（图1-2-7），弹出"滑动副"对话框（图1-2-8），定义滑动副参数（表1-2-4）。

图 1-2-7　螺旋副入口位置

图 1-2-8　"螺旋副"对话框

表 1-2-4　螺旋副参数

序号	参数	描述
1	选择连接件	选择需要添加螺旋约束的刚体
2	选择基本件	选择与连接件连接的另一刚体
3	指定轴矢量	指定旋转轴
4	指定锚点	指定旋转轴锚点
5	螺距	连接件旋转一周的位移
6	名称	定义螺旋副的名称

注　如果基本件为空，则代表连接件和引擎中的地面连接。

5. 柱面副

柱面副：组成运动副的两个对象，可以按照定义的矢量轴作旋转或者平移的运动副。柱面副具有两个自由度：旋转自由度和平移自由度。

定义柱面副：单击停靠功能区"主页"下的"机械"组中的"铰链副"下拉按钮，在下拉列表中选择"柱面副"图标 （图1-2-9），弹出"柱面副"对话框（图1-2-10），定义柱面副参数（表1-2-5）。

图 1-2-9　柱面副入口位置

图 1-2-10　"柱面副"对话框

表 1-2-5　柱面副参数

序号	参数	描述
1	选择连接件	选择需要添加柱面约束的刚体
2	选择基本件	选择与连接件连接的另一刚体
3	指定轴矢量	指定旋转轴
4	指定锚点	指定旋转轴锚点
5	起始角	在模拟仿真还没有开始之前连接件相对于基本件的角度
6	偏置	在模拟仿真还没有开始之前连接件相对于基本件的位置
7	名称	定义柱面副的名称

注　如果基本件为空，则代表连接件和引擎中的地面连接。

6. 球副

球副：组成运动副的两构件能绕一球心进行 3 个旋转自由度独立的相对转动的运动副。球副具有 3 个旋转自由度。

定义球副：单击停靠功能区"主页"下的"机械"组中的"铰链副"下拉按钮，在下拉列表中选择"球副"图标 （图 1-2-11），弹出"球副"对话框（图 1-2-12），定义球副参数（表 1-2-6）。

图 1-2-11　球副入口位置

图 1-2-12　"球副"对话框

表 1-2-6　球副参数

序号	参数	描述
1	选择连接件	选择需要添加球约束的刚体
2	选择基本件	选择与连接件连接的另一刚体
3	锚点	指定旋转轴锚点
4	名称	定义球副的名称

注　如果基本件为空，则代表连接件和引擎中的地面连接。

【任务示范】

示范 4：定义铰链副、滑动副与固定副

步骤 1：打开文件"示范 4.运动副与约束——铰链副，滑动副与固定副.prt"，进入 MCD 环境，如图 1-2-13 所示。

示范 4:运动副与约束——铰链副、滑动副与固定副

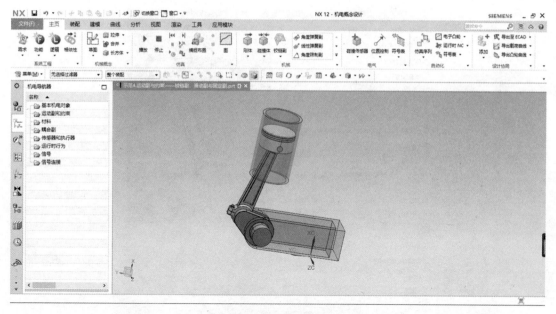

图 1-2-13　MCD 环境

步骤 2：定义各部件刚体属性，如图 1-2-14～图 1-2-17 所示。

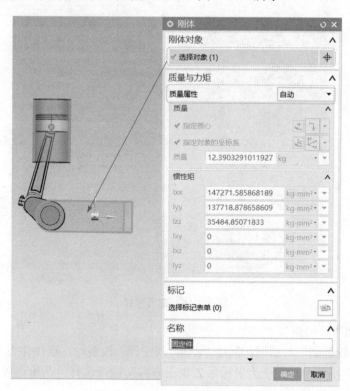

图 1-2-14　定义固定件

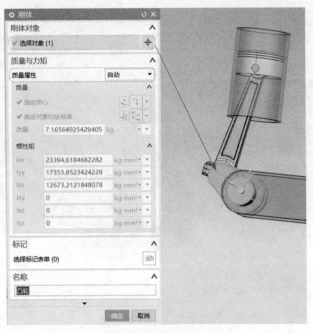

图 1-2-15　定义凸轮

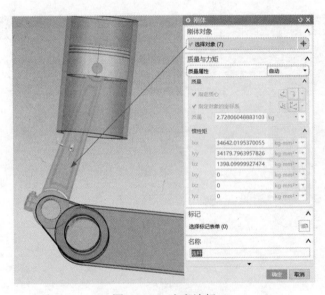

图 1-2-16　定义连杆

步骤 3：添加"铰链副"。

（1）打开"铰链副"对话框，创建"凸轮_固定件"铰链副，连接件为"凸轮"刚体，基本件为"固定件"刚体，轴矢量为坐标系 Z 轴正方向，锚点选择为凸轮连接固定件的轴圆心，参数与命名如图 1-2-18 所示。

（2）打开"铰链副"对话框，创建"连杆_凸轮"铰链副，连接件为"连杆"刚体，基本件为"凸轮"刚体，轴矢量为坐标系 Z 轴正方向，锚点选择为连杆连接凸轮的轴圆心，参数与命名如图 1-2-19 所示。

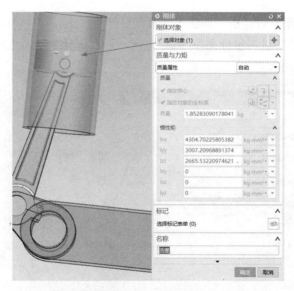

图 1-2-17　定义活塞

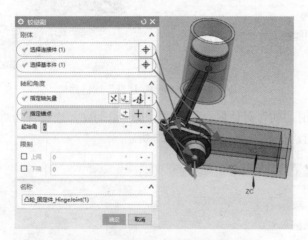

图 1-2-18　"凸轮_固定件"铰链副

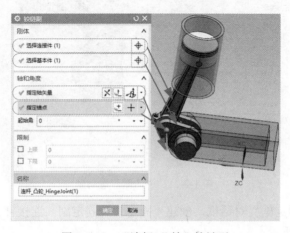

图 1-2-19　"连杆_凸轮"铰链副

（3）打开"铰链副"对话框，创建"活塞_连杆"铰链副，连接件为"活塞"刚体，基本件为"连杆"刚体，轴矢量为坐标系 Z 轴正方向，锚点选择为活塞连接连杆的轴圆心，参数与命名如图 1-2-20 所示。

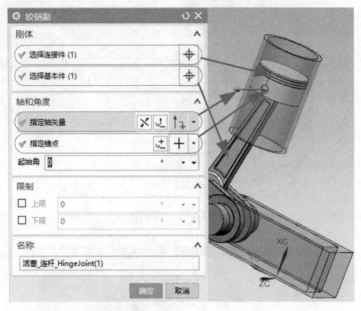

图 1-2-20　"活塞_连杆"铰链副

步骤 4：打开"滑动副"对话框，创建"活塞"滑动副，连接件为"活塞"刚体，轴矢量为坐标系 X 轴正方向，参数与命名如图 1-2-21 所示。

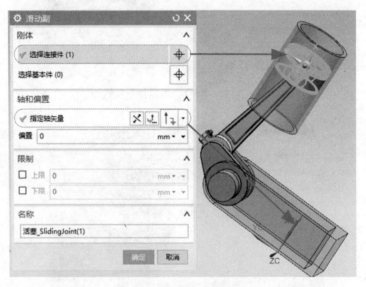

图 1-2-21　"活塞"滑动副

步骤 5：打开"固定副"对话框，创建"固定件"固定副，连接件为"固定件"刚体，参数与命名如图 1-2-22 所示。

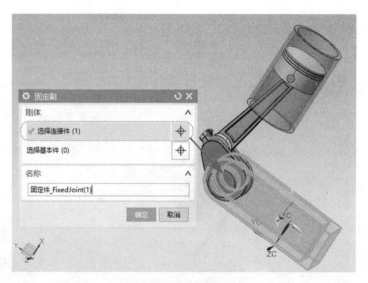

图 1-2-22　固定基本件

步骤 6：单击"播放"按钮，用鼠标拖动凸轮，如图 1-2-23 所示，松开鼠标即可运动，观察运动行为，并在运动时查看器中观察速度、位置值的变化。结果文件见"示范 4.运动副与约束——铰链副，滑动副与固定副 OK.prt"。

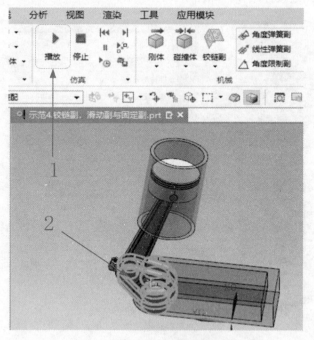

图 1-2-23　播放

示范 5：定义螺旋副

步骤 1：打开文件"示范 5.运动副与约束——螺旋副.prt"，进入 MCD 环境，如图 1-2-24 所示。

示范 5：运动副与
约束——螺旋副

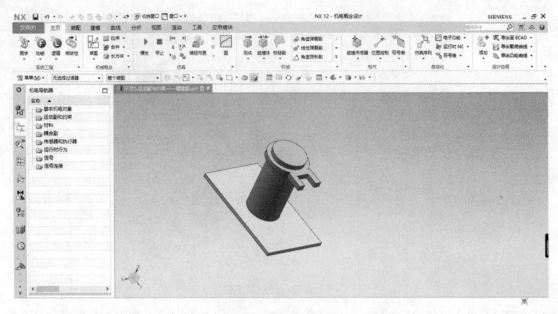

图 1-2-24　MCD 环境

步骤 2：定义基本对象。

（1）定义螺旋副连接件刚体，如图 1-2-25 所示。

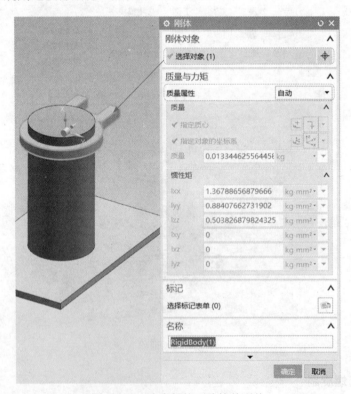

图 1-2-25　定义螺旋副连接件刚体

（2）定义碰撞体，如图 1-2-26 和图 1-2-27 所示。

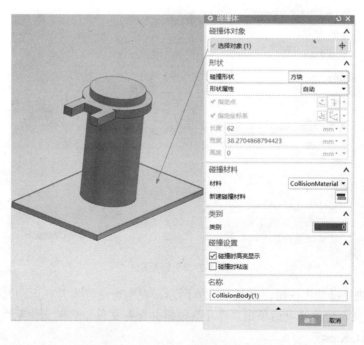

图 1-2-26　定义接触面碰撞体

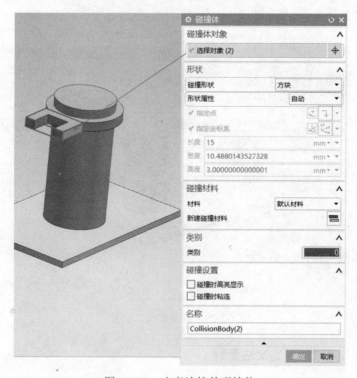

图 1-2-27　定义连接件碰撞体

步骤 3：打开"螺旋副"对话框，创建螺旋副，选择 RigidBody 刚体，轴矢量为坐标系 X 轴正方向，锚点选择为部件的圆心，螺距设置为 2mm，参数与命名如图 1-2-28 所示。

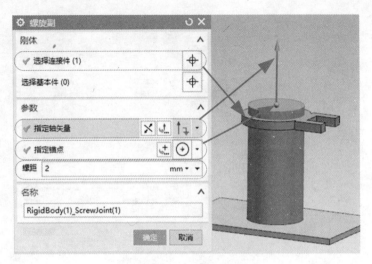

图 1-2-28   螺旋副

步骤 4：单击"播放"按钮，如图 1-2-29 所示，观察运动行为并在运动时查看器中观察速度、位置值的变化，观察结束后单击"停止"按钮并保存文件。结果文件见"示范 5.运动副与约束——螺旋副 OK.prt"。

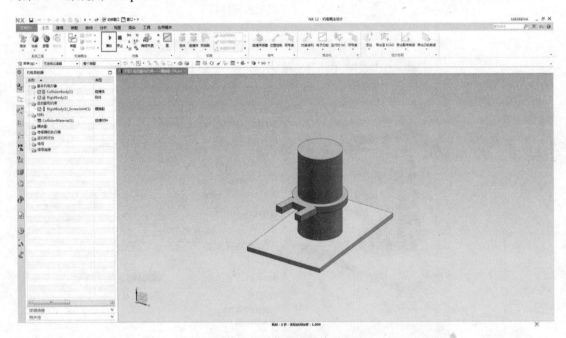

图 1-2-29   螺旋副仿真结果

示范 6：运动副与约束——柱面副

示范 6：定义柱面副

步骤 1：打开文件"示范 6.运动副与约束——柱面副.prt"，进入 MCD 环境，如图 1-2-30 所示。

步骤 2：定义基本对象。定义柱面副连接件刚体，如图 1-2-31 所示。

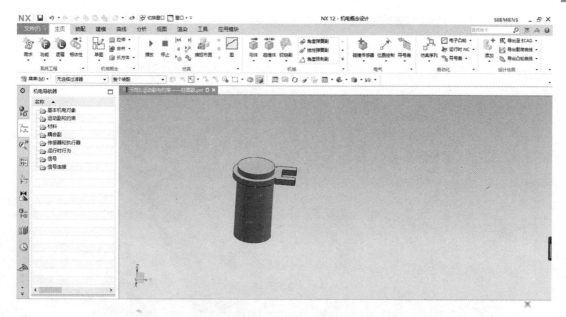

图 1-2-30　MCD 环境

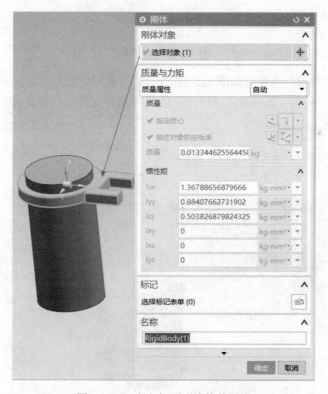

图 1-2-31　定义柱面副连接件刚体

步骤 3：打开"柱面副"对话框，创建柱面副，连接件选择 RigidBody 刚体，轴矢量为坐标系 X 轴正方向，锚点选择为部件的圆心，限制线性下限设置为-30mm，参数与命名如图 1-2-32所示。

图 1-2-32　柱面副

步骤 4：单击"播放"按钮，如图 1-2-33 所示，观察运动行为并在运动时查看器中观察速度、位置值的变化，观察结束后单击"停止"按钮并保存文件。结果文件见"示范 6.运动副与约束——柱面副 OK.prt"。

图 1-2-33　柱面副仿真结果

示范 7：定义球副

步骤 1：打开文件"示范 7.运动副与约束——球副.prt"，进入 MCD 环境，如图 1-2-34 所示。

示范 7：运动副
与约束——球副

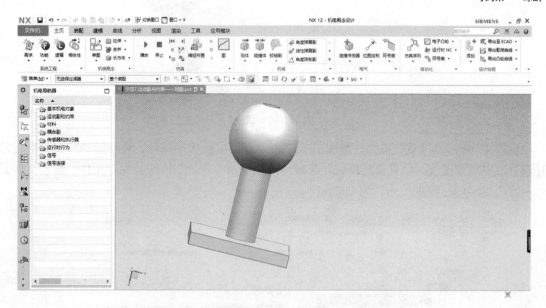

图 1-2-34　MCD 环境

步骤 2：定义基本对象。定义球副连接件刚体，如图 1-2-35 所示。

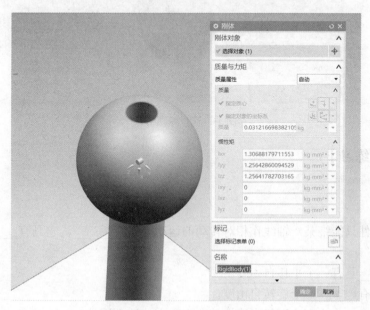

图 1-2-35　定义球副连接件刚体

步骤 3：打开"球副"对话框，创建球副，连接件选择 RigidBody 刚体，锚点选择为球心，参数与命名如图 1-2-36 所示。

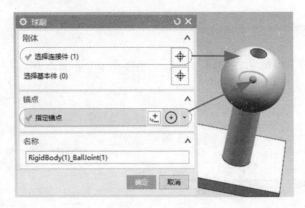

图 1-2-36 球副

步骤 4：单击"播放"按钮，如图 1-2-37 所示，用鼠标拨动球体，观察运动行为并在运动时查看器中观察速度、位置值的变化，观察结束后单击"停止"按钮并保存文件。结果文件见"示范 7.运动副与约束——球副 OK.prt"。

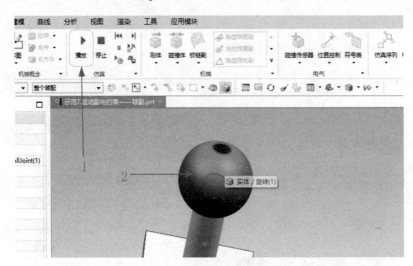

图 1-2-37 球副仿真

【思考与练习】

理论题

1. 两个构件只能绕某一轴线作相对转动的运动副是_____，它具有_____个旋转自由度。

2. _____具有一个平移自由度。

3. 球副具有_____个旋转自由度。

4. 如果_____为空，则代表连接件和引擎中的地面连接。

5. 固定副是将一个构件固定到另一个构件上，固定副的所有_____均被约束，自由度个数为_____。

操作题

完成示范 4～示范 7 的操作任务。

考核评分

任务考核评分表见表 1-2-7。

表 1-2-7　任务考核评分表

评分项目	考核标准	权重	得分
理论题	正确理解滑动副、铰链副、固定副、柱面副、螺旋副和球副的运动特征；知道各运动副的自由度个数	40%	
操作题	完成示范 4～示范 7 的实操任务，实现目标要求：正确配置滑动副、铰链副、固定副、柱面副、螺旋副和球副的参数	60%	

任务 3　定义传感器和执行器

【任务描述】

传感器和执行器是 MCD 电气仿真的基础。本任务通过对机构运动的电气控制的理解，运用速度控制、位置控制、传输面与传感器对相应运动副进行矢量运动控制，实现对构件的不同控制。

【任务分析】

本任务需要学生具有一定的电气控制基础，理解矢量运动的控制方式。通过 3 个示范任务训练，掌握 MCD 中的速度控制、位置控制、传输面与传感器的应用场景，理解其运行方式。

【任务目标】

1. 了解碰撞传感器、速度控制、位置控制的概念。
2. 理解碰撞传感器、速度控制、位置控制各参数的含义。
3. 掌握定义碰撞传感器、速度控制、位置控制的方法。
4. 熟悉传感器和执行器的应用场景。

【相关知识】

1. 碰撞传感器

碰撞传感器：利用碰撞传感器来收集碰撞事件。碰撞事件可以被用来停止或者触发"操作"或者"执行机构"。

碰撞传感器有以下两个属性：

- Triggered：记录碰撞事件，true 表示发生碰撞，false 表示没有碰撞。
- Active：该对象是否激活，true 表示激活，false 表示未激活。

注：只有定义了起作用的类别才会触发碰撞事件，碰撞传感器和碰撞体拥有同一个类别系统。

定义碰撞传感器：单击停靠功能区"主页"下的"电气"组中的"距离传感器"下拉按钮，在下拉列表中选择"碰撞传感器"图标 　（图 1-3-1），弹出"定义碰撞传感器"参数对话框（图 1-3-2），定义碰撞传感器参数（表 1-3-1）。

图 1-3-1　碰撞传感器入口位置

图 1-3-2　"碰撞传感器"对话框

表 1-3-1　碰撞传感器参数

序号	参数	描述
1	选择对象	选择几何对象
2	碰撞形状	碰撞形状的类型： • 方块 • 球 • 线
3	形状属性	• "自动"默认形状属性，自动计算碰撞形状 • "用户自定义"要求用户输入自定义的参数

序号	参数	描述
4	指定点	碰撞形状的几何中心点
5	指定坐标系	为当前的碰撞形状指定坐标系
6	碰撞形状尺寸	定义碰撞形状的尺寸，这些尺寸类型取决于碰撞形状的类型
7	类别	只有定义了起作用类别中的两个或多个几何体才会发生碰撞。如果在一个场景中有很多个几何体，利用类别将会减少计算几何体是否发生碰撞的时间
8	名称	定义碰撞体的名称

2. 传输面

传输面：传输面是一种物理属性，将所选的平面转化为"传送带"。一旦有其他物体放置在传输面上，此物体将会按照传输面指定的速度和方向运输到其他位置。

注：传输面需要和碰撞体配合使用，且一一对应；传输面必须是一个平面。

定义传输面：单击停靠功能区"主页"下的"机械"组中的"传输面"图标 ✐（图 1-3-3），弹出"传输面"对话框（图 1-3-4），定义传输面参数（表 1-3-2）。

图 1-3-3　传输面入口位置

图 1-3-4　"传输面"对话框

表 1-3-2　传输面参数

序号	参数	描述
1	选择面	选择一个平面作为传输面
2	指定矢量	指定传输面的传输方向
3	平行	指定在传输方向上的速度大小
4	垂直	指定在垂直于传输方向上的速度大小
5	名称	定义传输面的名称

3. 速度控制

速度控制：速度控制驱动运动副的轴以一预设的恒定速度运动。

定义速度控制：单击停靠功能区"主页"下的"电气"组中的"速度控制"下拉按钮，在下拉列表中选择"速度控制"图标　（图 1-3-5），弹出"速度控制"对话框（图 1-3-6），定义速度控制参数（表 1-3-3）。

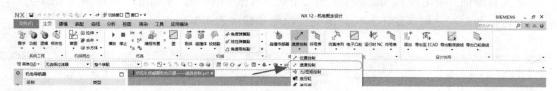

图 1-3-5　速度控制入口位置

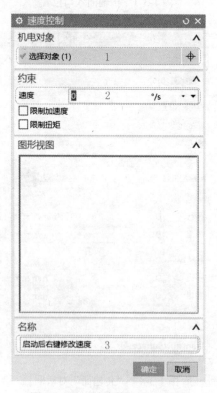

图 1-3-6　"速度控制"对话框

表 1-3-3　速度控制参数

序号	参数	描述
1	选择对象	选择需要添加执行机构的轴运动副
2	速度	指定一个恒定的速度值 •　轴运动副为转动——速度值单位为 degrees/sec •　轴运动副为平动——速度值单位为 mm/sec
3	名称	定义速度控制的名称

4. 位置控制

位置控制：位置控制驱动运动副的轴以一预设的恒定速度运动到一预设的位置，并且限制运动副的自由度。完成运动所需的时间=位移/速度。

定义位置控制：单击停靠功能区"主页"下的"电气"组中的"位置控制"下拉按钮，在下拉列表中选择"位置控制"图标 （图 1-3-7），弹出"位置控制"对话框（图 1-3-8），定义位置控制参数（表 1-3-4）。

图 1-3-7　位置控制入口位置

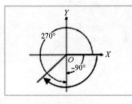

沿最短路径

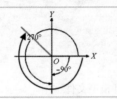

顺时针旋转

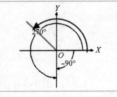

逆时针旋转

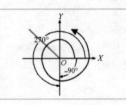

跟踪多圈

图 1-3-8　"位置控制"对话框

表 1-3-4   位置控制参数

序号	参数	描述
1	选择对象	选择需要添加执行机构的轴运动副
2	轴类型	选择轴类型 · 角度 · 线性
3	角路径选项	此选项只有在轴类型为"角度"时出现，用于定义轴运动副的旋转方案 · 沿最短路径 · 顺时针旋转 · 逆时针旋转 · 跟踪多圈
4	目标	指定一个目标位置
5	速度	指定一个恒定的速度值
6	名称	定义位置控制的名称

【任务示范】

示范 8：传感器与执行
器——传感器、传输面

示范 8：定义传感器与传输面

步骤 1：打开文件"示范 8.传感器和执行器——传感器与传输面.prt"，进入 MCD 环境，如图 1-3-9 所示。

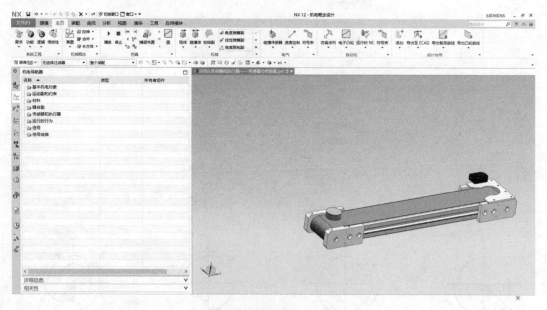

图 1-3-9   打开模型文件

步骤 2：定义物料刚体，如图 1-3-10 所示。

步骤 3：定义模型各部件碰撞体，如图 1-3-11～图 1-3-13 所示。

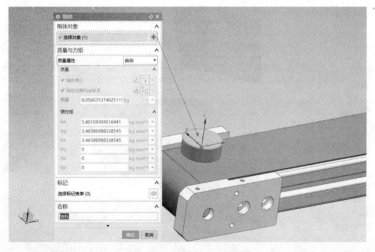

图 1-3-10　定义物料刚体

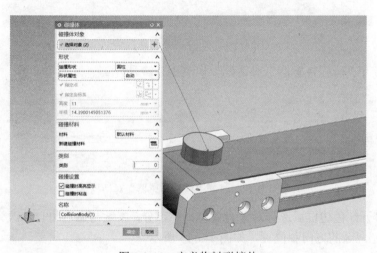

图 1-3-11　定义物料碰撞体

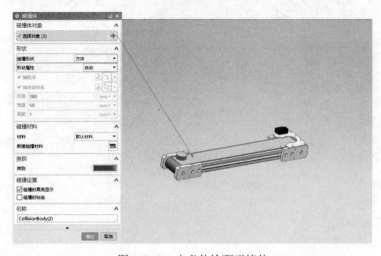

图 1-3-12　定义传输面碰撞体

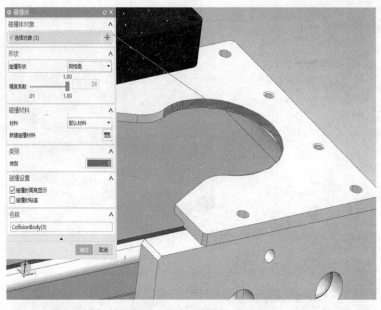

图 1-3-13　定义挡料片碰撞体

步骤 4：打开"碰撞传感器"对话框，如图 1-3-14 所示。

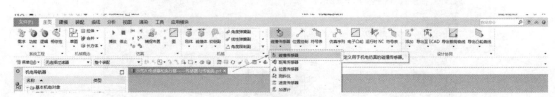

图 1-3-14　打开"碰撞传感器"对话框

步骤 5：打开红色边框后选择对象为黄色高亮部分，参数与命名将自动改为"用户定义"，可修改传感器感应区的方向和位置，如图 1-3-15 所示。

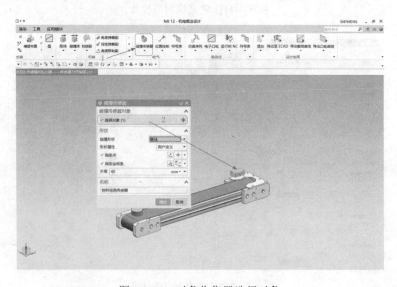

图 1-3-15　对象收集器选择对象

步骤 6：定义物料对象源，如图 1-3-16 所示。

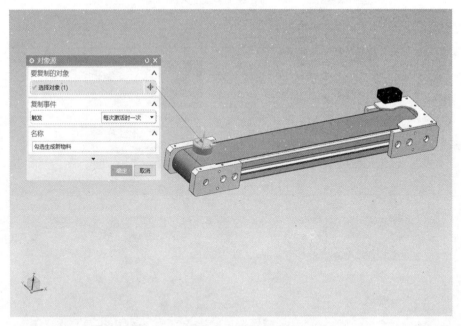

图 1-3-16　定义物料对象源

步骤 7：定义物料的对象收集器，如图 1-3-17 所示。

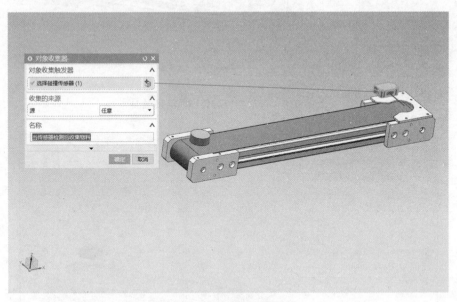

图 1-3-17　定义对象收集器

步骤 8：选择"传输面"选项，如图 1-3-18 所示。

步骤 9：定义传送面，如图 1-3-19 和图 1-3-20 所示。

步骤 10：单击"播放"按钮观看运动效果，结束后单击"停止"按钮并保存文件，如图 1-3-21 所示。结果文件见"示范 8.传感器和执行器——传感器与传输面 OK.prt"。

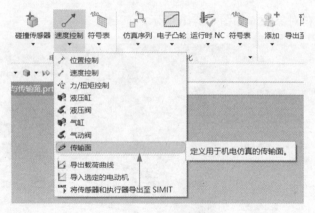

图 1-3-18　打开传输面

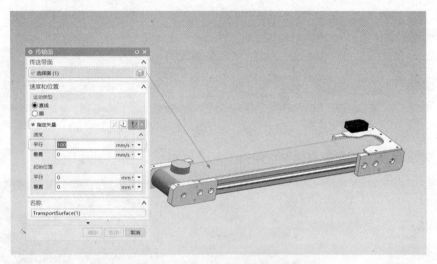

图 1-3-19　定义物料与传输面的接触面

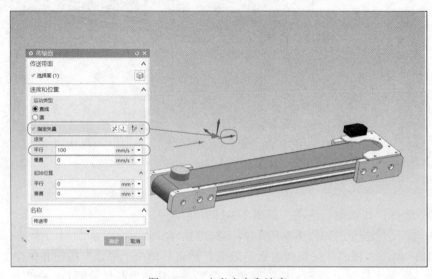

图 1-3-20　定义方向和速度

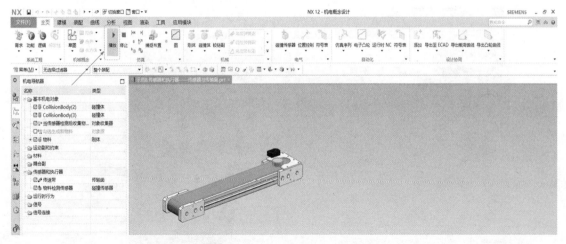

图 1-3-21　传感器与传输面的应用效果

示范 9：定义速度控制

步骤 1：打开文件"示范 9.传感器和执行器——速度控制.prt"，进入 MCD 环境，如图 1-3-22 所示。

示范 9：传感器与执行器——速度控制

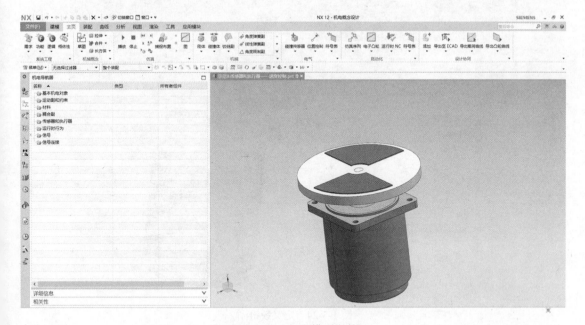

图 1-3-22　打开模型文件

步骤 2：定义电机刚体，如图 1-3-23 所示。
步骤 3：定义电机旋转机构的铰链副，如图 1-3-24 所示。
步骤 4：打开"速度控制"对话框，如图 1-3-25 所示。
步骤 5：机电对象选择铰链副为对象，设置约束速度参数为 0，如图 1-3-26 所示。

图 1-3-23　定义刚体

图 1-3-24　定义铰链副

图 1-3-25　打开"速度控制"对话框

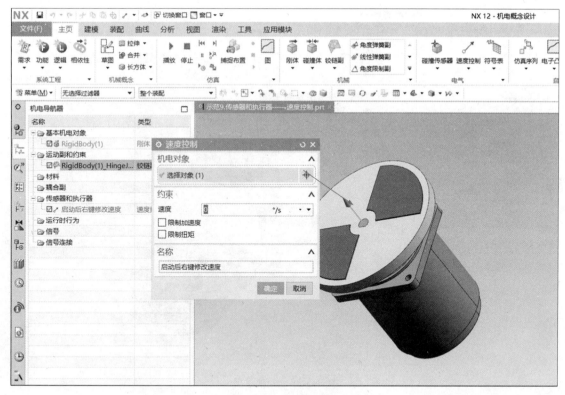

图 1-3-26　选择零件

步骤 6：单击"播放"按钮，移动光标到机电导航器"启动后右键修改速度"处右击并选择"速度"，如图 1-3-27 所示。结果文件见"示范 9.传感器和执行器——速度控制 OK.prt"。

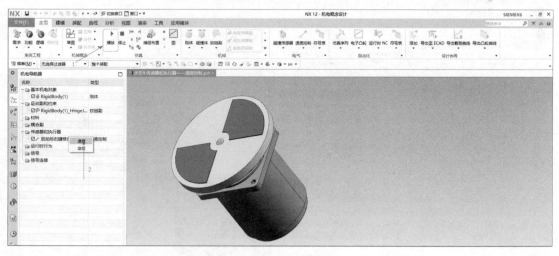

图 1-3-27　调节速度

步骤 7：用鼠标拖动或输入想要的速度值，如图 1-3-28 所示。

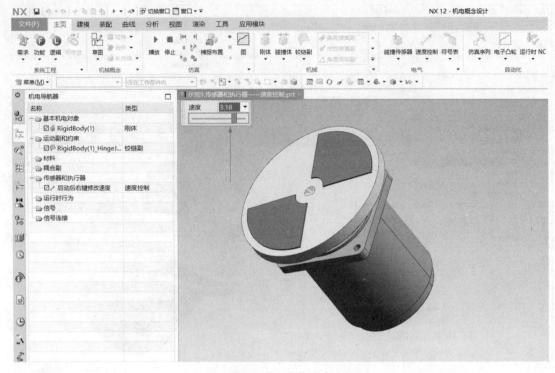

图 1-3-28　变换速度

示范 10：传感器与执
行器——位置控制

示范 10：定义位置控制

步骤 1：打开文件"示范 10.传感器和执行器——位置控制.prt"，进入
MCD 环境，如图 1-3-29 所示。

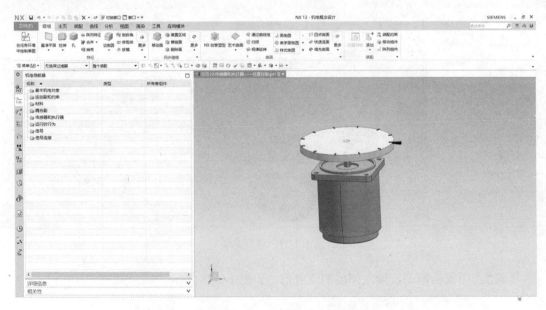

图 1-3-29　打开模型文件

步骤 2：定义电机刚体，如图 1-3-30 所示。

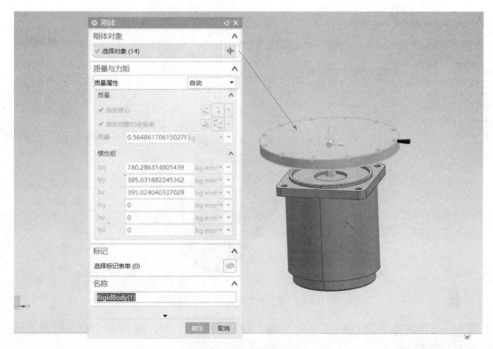

图 1-3-30　定义刚体

步骤 3：定义电机旋转机构的铰链副，如图 1-3-31 所示。

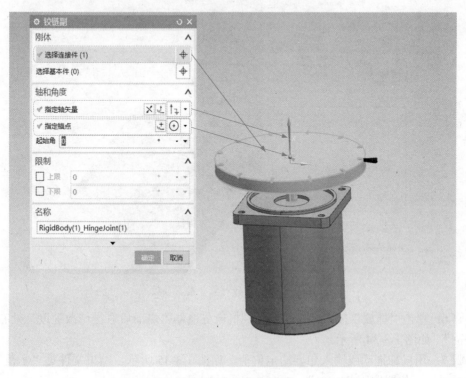

图 1-3-31　定义铰链副

步骤 4：打开"位置控制"对话框，如图 1-3-32 所示。

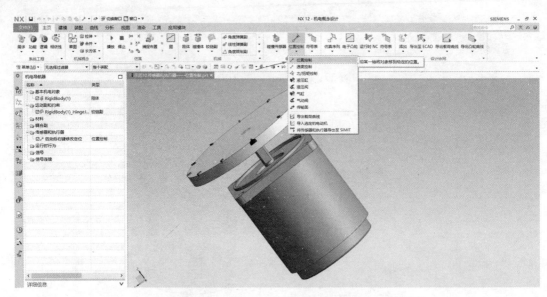

图 1-3-32　打开"位置控制"对话框

步骤 5：选择对象为黄色高亮部分，输入参数：目标为 0，速度为 100，单击"确定"按钮，如图 1-3-33 所示。

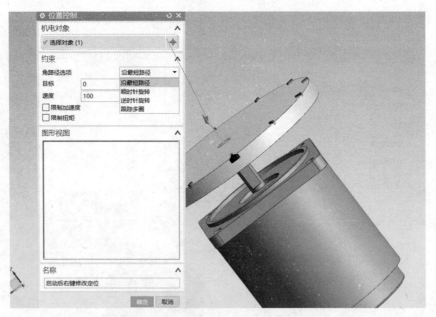

图 1-3-33　选择对象并设置参数

步骤 6：单击"播放"按钮，移动光标到机电导航器"启动后右键修改速度"处右击并选择"定位"，如图 1-3-34 所示。

步骤 7：用鼠标拖动或输入想要的定位值，如图 1-3-35 所示。结果文件见"示范 10.传感器和执行器——位置控制 OK.prt"。

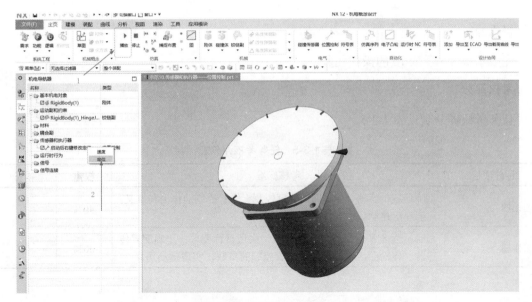

图 1-3-34　调节位置控制速度

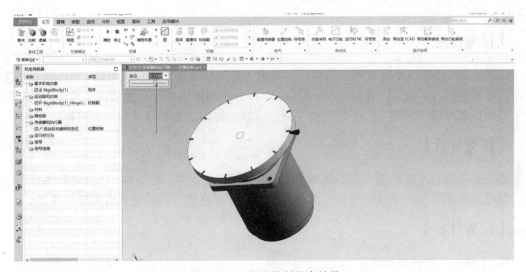

图 1-3-35　位置控制仿真效果

【思考与练习】

理论题

1. 碰撞事件可以被用来＿＿＿＿＿或者＿＿＿＿＿"操作"或者"执行机构"。

2. 只有定义了起作用的类别才会触发碰撞事件，＿＿＿＿＿和碰撞体拥有同一个类别系统。

3. ＿＿＿＿＿驱动运动副的轴以一预设的恒定速度运动到一预设的位置，并且限制运动副的＿＿＿＿＿。

4. 速度控制驱动运动副的轴以一预设的＿＿＿＿＿运动。

5. 传输面必须是一个＿＿＿＿＿，＿＿＿＿＿需要和碰撞体配合使用。

操作题

完成示范 8~示范 10 的操作任务。

考核评分

任务考核评分表见表 1-3-5。

表 1-3-5　任务考核评分表

评分项目	考核标准	权重	得分
理论题	正确理解传感器、传输面、速度控制、位置控制的作用和意义，理解速度控制和位置控制的区别	40%	
操作题	完成示范 8 和示范 9 的实操任务，实现目标要求：正确配置传感器、传输面、速度控制、位置控制的参数，实现运动仿真	60%	

任务 4　定义仿真序列

【任务描述】

仿真序列是 MCD 平台处理机构动作的逻辑关系与仿真演示的快捷方式，它可以将各个执行器与传感器进行关联，从而实现逻辑控制。本任务是运用仿真序列的功能完成输送物料加工流水线的仿真过程，实现了一个物料的生成、运输、打印、收集等逻辑控制过程。

【任务分析】

需要学生具有一定的电气控制基础，已基本掌握机电对象、运动副、传感器和执行器的应用，同时充分理解仿真序列中运行时参数的含义对完成好流水线的仿真有重要的作用。

【任务目标】

1. 了解仿真序列的概念。
2. 理解仿真序列参数的含义。
3. 掌握定义仿真序列的方法。
4. 能应用仿真序列完成任务的逻辑控制，实现仿真。

【相关知识】

1. 仿真序列

仿真序列："仿真序列"是 MCD 中的控制元素，可以通过"仿真序列"控制 MCD 中的任何对象。在 MCD 定义的仿真对象中，每个对象都有一个或者多个参数，可以通过创建"仿真序列"进行修改预设值。通常，使用"仿真序列"控制一个执行机构（如速度控制的速度、位置控制的目标），还可以控制运动副（如移动副的连接件）。除此之外，在"仿真序列"中还可以创建条件语句来确定何时触发去改变参数。

定义仿真序列：单击停靠功能区"主页"下的"自动化"组中的"仿真序列"图标 （图 1-4-1），弹出"仿真序列"对话框（图 1-4-2），定义仿真序列参数（表 1-4-1）。

图 1-4-1　仿真序列入口位置

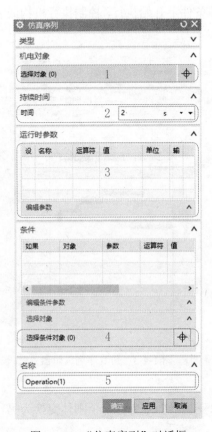

图 1-4-2　"仿真序列"对话框

表 1-4-1　仿真序列参数

序号	参数	描述
1	选择对象	选择需要修改参数值的对象，例如速度控制、滑动副等
2	时间	指定该仿真序列的持续时间
3	运行时参数	在"运行时参数"列表中列出了所选对象的所有可以修改的参数 • 设置——勾上代表修改此参数的值 • 名称 • 值——修改参数的值 • 单位 • 输入输出——定义该参数是否可以被 MCD 之外的软件识别

续表

序号	参数	描述
4	选择对象	选择条件对象，以这个对象的一个或多个参数创建条件表达式，以控制这个仿真序列是否执行
5	名称	定义仿真序列的名称

　　仿真序列编辑器：仿真序列编辑器中显示机械系统中创建的所有"仿真序列"，用于管理"仿真序列"在何时或者何种条件下开始执行，控制执行机构或者其他对象在不同时刻的不同状态，如图 1-4-3 所示。

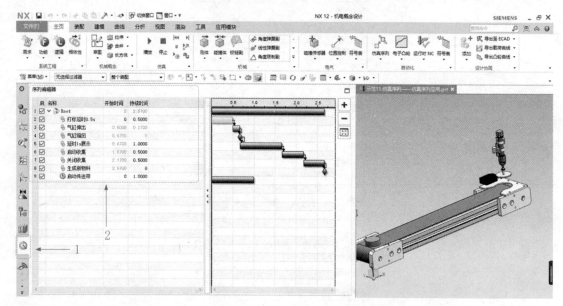

图 1-4-3　仿真序列编辑器

2. 对象变换器

　　对象变换器：使用"对象变换器"命令将一个刚体交换为另一个刚体。使用碰撞传感器触发交换。

　　定义对象变换器：单击停靠功能区"主页"下的"机械"组中的"刚体"下拉按钮，在下拉列表中选择"对象变换器"图标 🔲（图 1-4-4），弹出"对象变换器"对话框（图 1-4-5），定义对象变换器参数（表 1-4-2）。

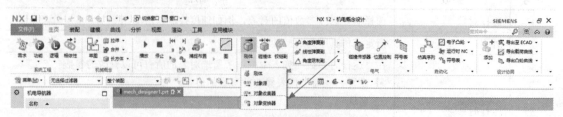

图 1-4-4　对象变换器入口位置

图 1-4-5　"对象变换器"对话框

表 1-4-2　对象变换器参数

序号	参数	描述
1	选择碰撞传感器	设置将一个刚体交换为另一个刚体的位置
2	选择源	选择将交换的单个刚体源
3	变换为	选择将在对象变换器之后生成的刚体 每次激活时执行一次：将对象转换器设置为只出现一次
4	名称	定义对象变换器的名称

【任务示范】

示范 11：定义仿真序列

示范 11：仿真序列
——仿真序列应用

步骤 1：打开文件"示范 11.仿真序列——仿真序列应用.prt"，进入 MCD 环境，如图 1-4-6 所示。

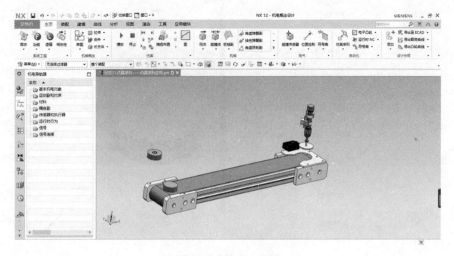

图 1-4-6　MCD 环境

步骤 2：添加"刚体"。

（1）打开"刚体"对话框，创建"物料"刚体，刚体对象选择为高亮显示部分，质量属性选择"自动"，参数与命名如图 1-4-7 所示。

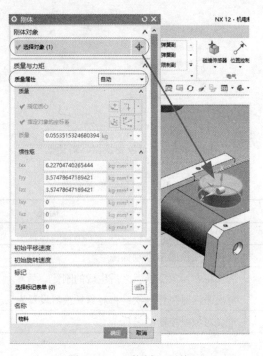

图 1-4-7　"物料"刚体

（2）打开"刚体"对话框，创建"完成物料"刚体，刚体对象选择为高亮显示部分，质量属性选择"自动"，参数与命名如图 1-4-8 所示。

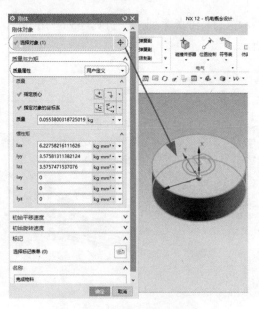

图 1-4-8　"完成物料"刚体

（3）打开"刚体"对话框，创建"气缸"刚体，刚体对象选择为高亮显示部分，质量属性选择"自动"，参数与命名如图 1-4-9 所示。

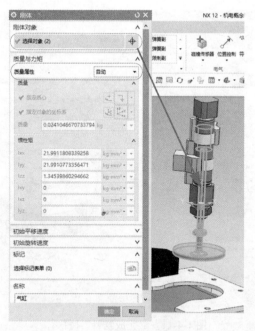

图 1-4-9　"气缸"刚体

步骤 3：添加"碰撞体"。

（1）打开"碰撞体"对话框，创建"物料"碰撞体，碰撞体对象选择为高亮显示部分，碰撞形状选择"圆柱"，形状属性选择"自动"，参数与命名如图 1-4-10 所示。

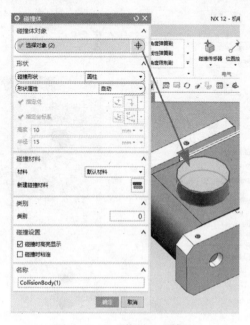

图 1-4-10　"物料"碰撞体

（2）打开"碰撞体"对话框，创建"完成物料"碰撞体，碰撞体对象选择为高亮显示部分，碰撞形状选择"圆柱"，形状属性选择"自动"，参数与命名如图 1-4-11 所示。

图 1-4-11　"完成物料"碰撞体

（3）打开"碰撞体"对话框，创建"传输面"碰撞体，碰撞体对象选择为高亮显示部分，碰撞形状选择"方块"，形状属性选择"自动"，参数与命名如图 1-4-12 所示。

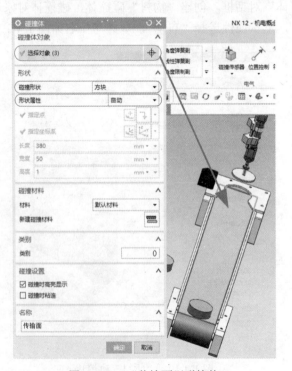

图 1-4-12　"传输面"碰撞体

（4）打开"碰撞体"对话框，创建"凹槽"碰撞体，碰撞体对象选择为高亮显示部分，碰撞形状选择"网格面"，参数与命名如图 1-4-13 所示。

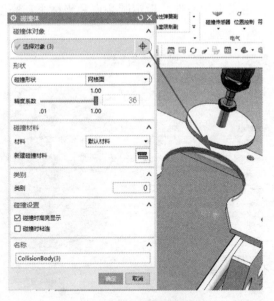

图 1-4-13　"凹槽"碰撞体

步骤 4：打开"传输面"对话框，创建"传送带"传输面，面选择为高亮显示部分，运动类型选择"直线"，矢量方向与传输面运动方向相同，参数与命名如图 1-4-14 所示。

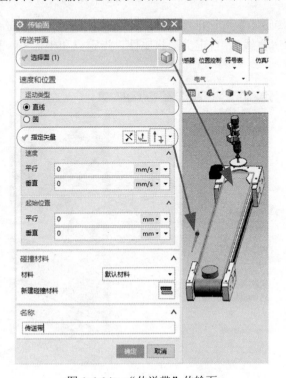

图 1-4-14　"传送带"传输面

步骤 5：添加"碰撞传感器"。

（1）打开"碰撞传感器"对话框，创建"打印碰撞"传感器，对象选择为高亮显示部分，碰撞形状选择"圆柱"，自定义形状属性，指定圆心点和坐标系，高度为 1，默认半径，参数与命名如图 1-4-15 所示。

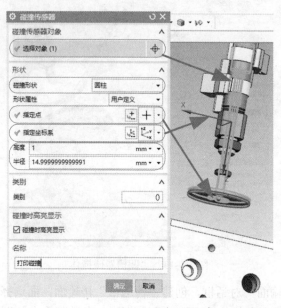

图 1-4-15　"打印碰撞"传感器

（2）打开"碰撞传感器"对话框，创建"物料检测传感器"传感器，对象选择为高亮显示部分，碰撞形状选择"直线"，自定义形状属性，指定点和坐标系，长度为 40，参数与命名如图 1-4-16 所示。

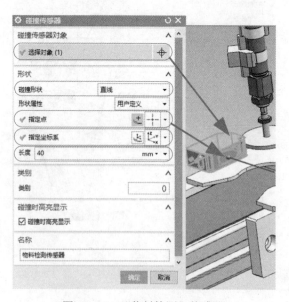

图 1-4-16　"物料检测"传感器

步骤 6：打开"滑动副"对话框，创建"气缸"滑动副，连接件选择"气缸"刚体，轴矢量为坐标系 X 轴正方向，参数与命名如图 1-4-17 所示。

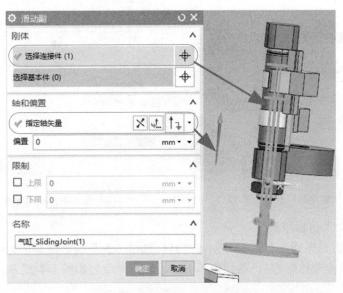

图 1-4-17　"气缸"滑动副

步骤 7：打开"位置控制"对话框，创建"气缸位置"位置控制，机电对象选择"气缸"滑动副，速度为 100，参数与命名如图 1-4-18 所示。

步骤 8：打开"对象源"对话框，创建"勾选生成新物料"对象源，对象选择"物料"刚体，触发设置为"每次激活时一次"，参数与命名如图 1-4-19 所示。

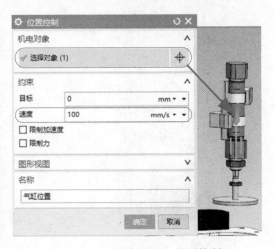

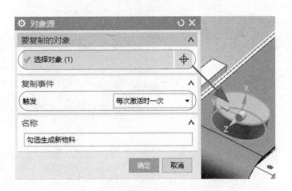

图 1-4-18　"气缸位置"位置控制　　　　图 1-4-19　"勾选生成新物料"对象源

步骤 9：打开"对象收集器"对话框，创建"收集物料"对象收集器，选择"物料检测传感器"传感器，收集的来源设置为"任意"，参数与命名如图 1-4-20 所示。

步骤 10：打开"对象变换器"对话框，创建对象变换器，选择"打印碰撞"传感器，变换源设置为"任意"，变换刚体选择"完成物料"刚体，参数与命名如图 1-4-21 所示。

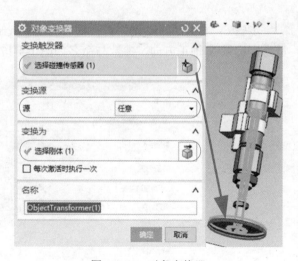

图 1-4-20 "收集物料"对象收集器   图 1-4-21 对象变换器

步骤 11：添加"仿真序列"。

（1）打开"仿真序列"对话框，创建"打标延时 0.5s"仿真序列，时间设置为 0.5s，条件对象选择"物料检测传感器"，条件值为 true，参数与命名如图 1-4-22 所示。

图 1-4-22 "打标延时 0.5s"仿真序列

（2）创建"气缸伸出"仿真序列，机电对象选择"气缸位置"位置控制，运行时参数设置为-17，条件对象选择"物料检测传感器"，条件值为 true，参数与命名如图 1-4-23 所示。

（3）创建"气缸缩回"仿真序列，机电对象选择"气缸位置"位置控制，运行时参数设置为 0，参数与命名如图 1-4-24 所示。

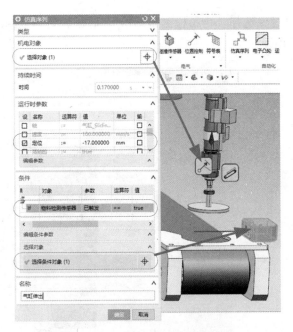

图 1-4-23　"气缸伸出"仿真序列

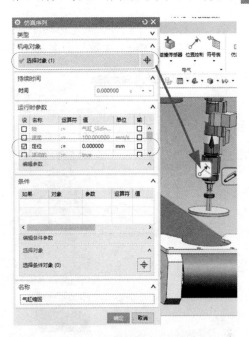

图 1-4-24　"气缸缩回"仿真序列

（4）创建"延时 1s 展示"仿真序列，时间设置为 1s，参数与命名如图 1-4-25 所示。

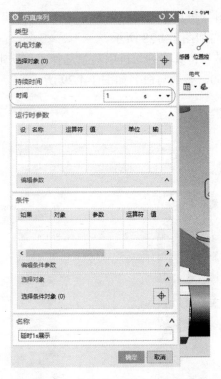

图 1-4-25　"延时 1s 展示"仿真序列

（5）创建"启动收集"仿真序列，机电对象选择"物料检测传感器"，时间设置为 0.5s，运行时参数为 true，参数与命名如图 1-4-26 所示。

（6）创建"关闭收集"仿真序列，机电对象选择"物料检测传感器"，时间设置为 0.5s，运行时参数为 false，参数与命名如图 1-4-27 所示。

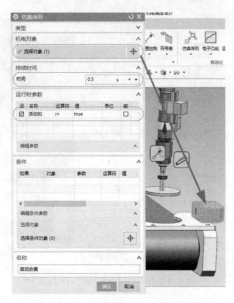

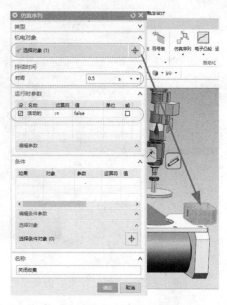

图 1-4-26　"启动收集"仿真序列　　　　　图 1-4-27　"关闭收集"仿真序列

（7）创建"生成新物料"仿真序列，机电对象选择"物料"对象源，时间设置为 0s，运行时参数为 true，参数与命名如图 1-4-28 所示。

（8）创建"启动传送带"仿真序列，机电对象选择"传送带"传输面，时间设置为 1s，运行时参数的平行速度为 100，参数与命名如图 1-4-29 所示。

图 1-4-28　"生成新物料"仿真序列　　　　　图 1-4-29　"启动传送带"仿真序列

步骤 12：在仿真序列编辑器中（图 1-4-30）用鼠标按住并拖动到下一个进行连接，如图 1-4-31 所示。

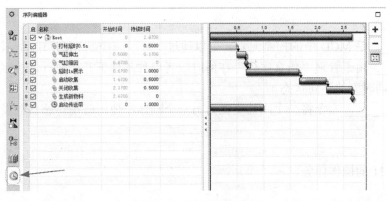

图 1-4-30　仿真序列编辑器

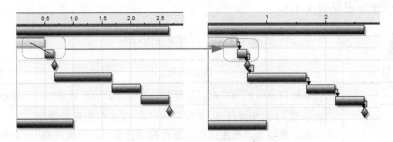

图 1-4-31　拖动进行连接

步骤 13：单击"播放"按钮，如图 1-4-32 所示，观察运动行为。并在运动时查看器中观察速度、位置值的变化，结束后单击"停止"按钮并保存文件。结果文件见"示范 11.仿真序列——仿真序列应用 OK.prt"。

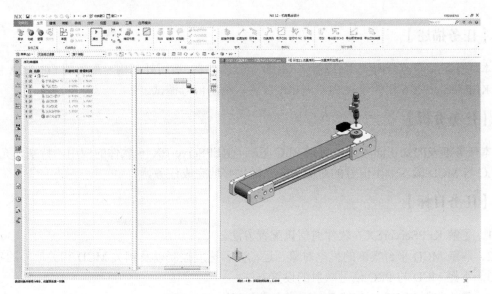

图 1-4-32　仿真序列的仿真效果

【思考与练习】

理论题

1. _____是 MCD 中的控制元素，可以通过_____控制 MCD 中的任何对象。

2. _____用于管理"仿真序列"在何时或者何种条件下开始执行，控制执行机构或者其他对象在不同时刻的不同状态。

3. 使用_____命令将一个刚体交换为另一个刚体，使用碰撞传感器触发交换。

操作题

完成示范 11 的操作任务。

考核评分

任务考核评分表见表 1-4-3。

表 1-4-3　任务考核评分表

评分项目	考核标准	权重	得分
理论题	正确理解仿真序列的作用，了解对象变换器的应用场合	40%	
操作题	完成示范 11 的实操任务，实现目标要求：正确配置运动副、传感器、传输面、速度控制、位置控制等参数，仿真序列设置逻辑合理，实现运动仿真	60%	

任务 5　基于 OPC DA 通信调试实例

【任务描述】

本任务是综合前面所学，完成简单 MCD 案例搭建后，运用外部信号配置的 OPC DA 协议，利用 KEPServerEX 6 软件建立 PLC 与 MCD 输入输出信号调试。

【任务分析】

本任务涉及的知识面较广，包括 PLC 基础、KEPServerEX 6 软件的应用，特别要充分理解 PLC 与 MCD 输入输出信号的对应关系才能更好地完成任务。

【任务目标】

1. 了解 KEPServerEX 6 软件通信讯配置方法。
2. 熟练 MCD 平台案例的机电对象、运动副、速度控制以及相关 MCD 相关信号的建立。
3. 掌握 MCD 与 PLC 信号映射的设置方法。
4. 熟练掌握 MCD 与 OPC DA 通信方式及应用。

【任务示范】

示范 12：基于 OPC DA 通信调试实例

1. 配置 KEPServerEX 6 软件

步骤 1：新建 KEPServerEX 6 文件，单击菜单栏中的"文件"→"新建"命令，如图 1-5-1 所示。

示范 12-1：配置 KEPServer 软件

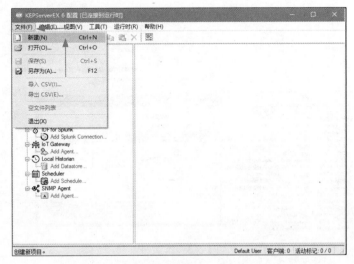

图 1-5-1 新建 KEPServerEX 6 文件

步骤 2：单击"单击添加通道"打开"添加通道向导"对话框，选择类型后单击"下一步"按钮，如图 1-5-2 所示。

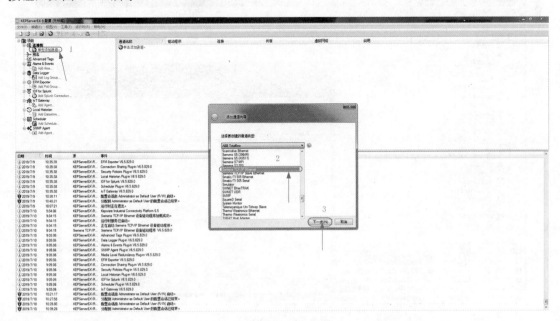

图 1-5-2 添加通道

步骤 3：打开"可用网络适配器"对话框，选择本机适配器名称，然后单击"确定"按钮，返回"添加通道向导"对话框，单击"下一步"按钮，如图 1-5-3 所示。

图 1-5-3　添加网卡

步骤 4：单击左侧窗格中的"连接性"→"通道 1"→"单击添加设备"，弹出"添加设备向导"对话框，输入名称 s7 1214，单击"下一步"按钮，如图 1-5-4 所示。

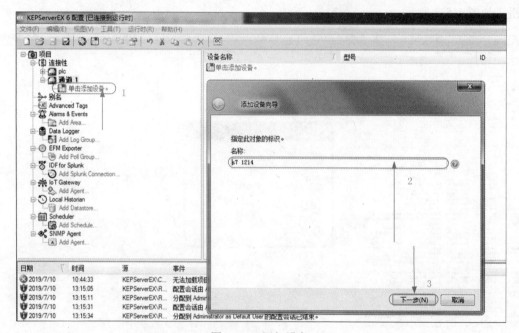

图 1-5-4　添加设备

步骤 5：选择型号 S7-1200，单击"下一步"按钮，如图 1-5-5 所示。

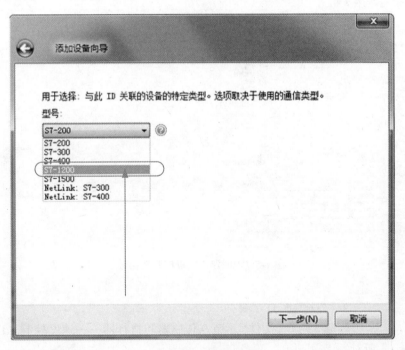

图 1-5-5 选择型号

步骤 6：输入所连接 PLC 的 IP 地址，如图 1-5-6 所示。

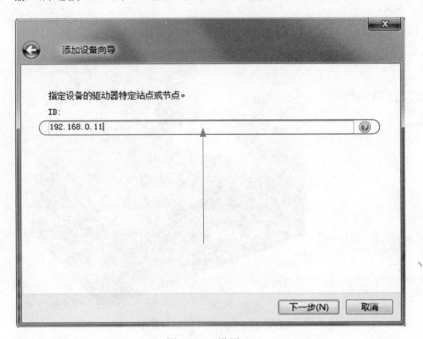

图 1-5-6 设置 ID

步骤 7：单击左侧窗格中的"连接性"→"通道 1"→s71214，弹出"属性编辑器"，如图 1-5-7 所示，设置地址为 M0.0、Q0.0 的标记信号。

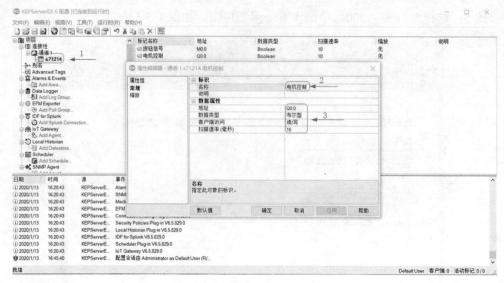

图 1-5-7 创建"电机控制"信号

示范 12-2：创建
电机模型 MCD

2. 创建 MCD 项目

步骤 1：打开文件"示范 9.传感器和执行器——速度控制.prt"，如图 1-5-8
所示。

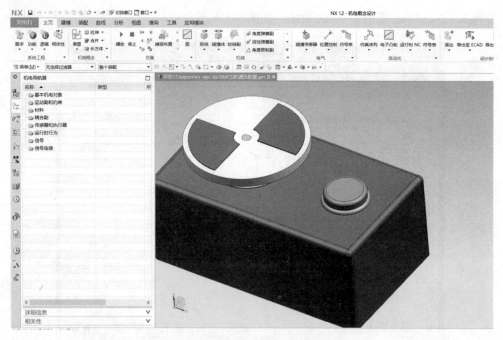

图 1-5-8 打开模型文件

步骤 2：添加"轮盘"刚体。

（1）新建刚体 RigidBody(1)，选择对象为黄色高亮部分，单击"确定"按钮，如图 1-5-9
所示。

图 1-5-9　添加刚体

（2）新建刚体 RigidBody(2)，选择对象为黄色高亮部分，单击"确定"按钮，如图 1-5-10
所示。

图 1-5-10　添加"按钮"刚体

步骤 3：新建铰链副 RigidBody(1)_HingeJoint(1)，选择连接件为黄色高亮部分，其他部分如图 1-5-11 所示，单击"确定"按钮。

图 1-5-11　添加铰链副

步骤 4：新建滑动副 RigidBody(2)_SlidingJoint(1)，选择连接件为黄色高亮部分，其他如图 1-5-12 所示，单击"确定"按钮。

图 1-5-12　添加滑动副

步骤 5：打开"约束"的"弹簧阻尼器"对话框，选择轴运动副，其他如图 1-5-13 所示，单击"确定"按钮。

图 1-5-13　添加弹簧阻尼器

步骤 6：新建速度控制"速度"，机电对象选择为高亮铰链副，如图 1-5-14 所示，单击"确定"按钮。

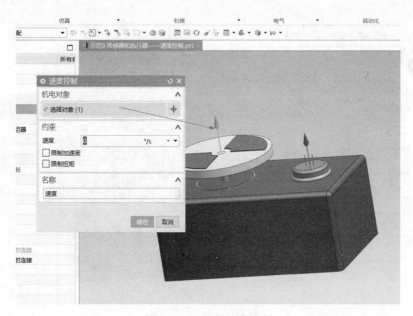

图 1-5-14　添加速度控制

步骤 7：如图 1-5-15 所示，选择"信号"，弹出"信号"对话框，在其中完成"电机控制"和"按钮信号"的定义，如图 1-5-16 和图 1-5-17 所示。

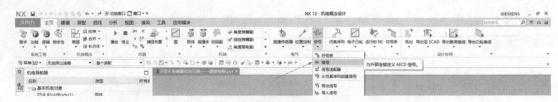

图 1-5-15 打开"信号"

图 1-5-16 "电机控制"定义

图 1-5-17 "按钮信号"定义

示范 12-3：OPC DA 与
PLC 信号配置与调试

步骤 8：新建仿真序列"启动转盘"，选择机电对象"速度"，运行时参数的速度为 360，选择条件对象"电机控制"信号，条件值为 true，如图 1-5-18 所示；新建仿真序列"停止转盘""按钮触发""按钮释放""仿真序列输出信号后启动"，分别如图 1-5-19～图 1-5-22 所示。

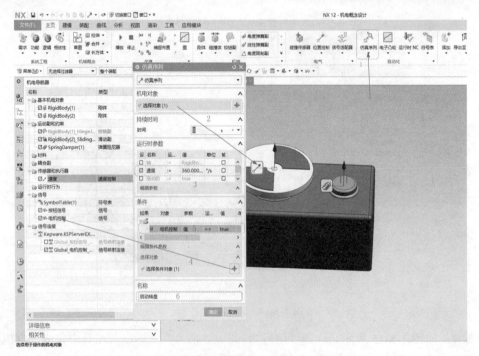

图 1-5-18 新建仿真序列"启动转盘"

图 1-5-19　新建仿真序列"停止转盘"

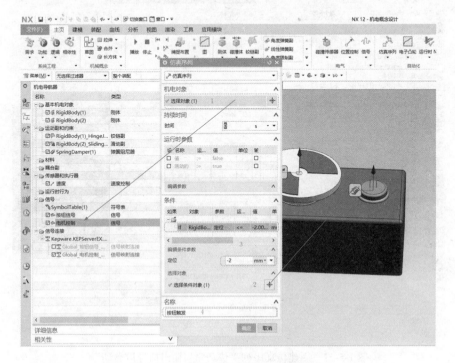

图 1-5-20　新建仿真序列"按钮触发"

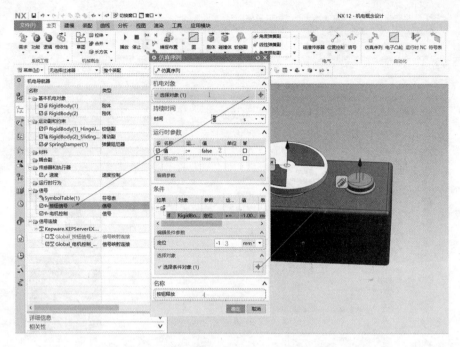

图 1-5-21　新建仿真序列"按钮释放"

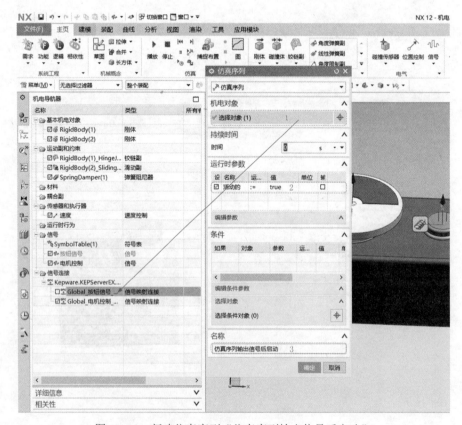

图 1-5-22　新建仿真序列"仿真序列输出信号后启动"

步骤 9：（1）单击"菜单"→"首选项"→"外部信号配置"命令，弹出"外部信号配置"对话框，如图 1-5-23 所示。

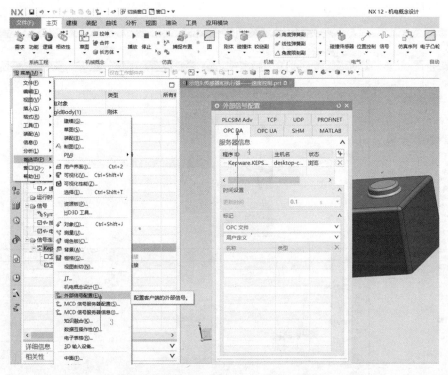

图 1-5-23　打开"外部信号配置"对话框

（2）单击 OPC DA 标签，服务器信息添加"新服务器"，更新时间为 0.1s，添加"按钮信号"和"电机控制"设备，如图 1-5-24 所示。

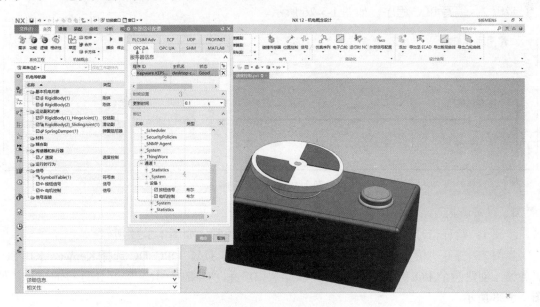

图 1-5-24　开始连接信号

3. 创建 PLC 项目

步骤 1：打开博途 V15.1，勾选"允许来自远程对象的 PUT/GET 通信访问"复选项，如图 1-5-25 所示。

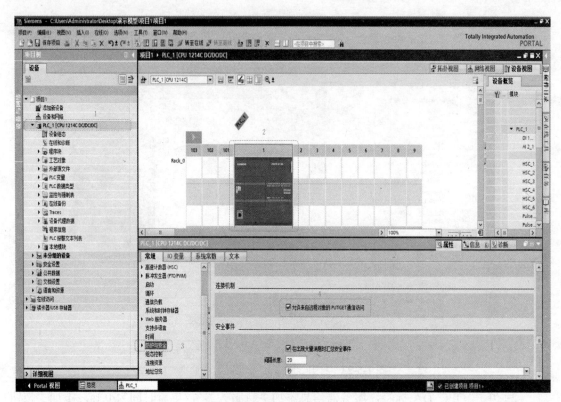

图 1-5-25　创建 PLC

步骤 2：编写 PLC 程序，如图 1-5-26 所示。

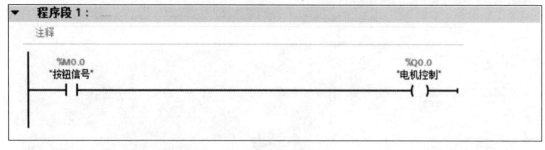

图 1-5-26　写入程序

4. 信号映射

步骤 1：验证信号连接状态，状态为良好时通信正常，如图 1-5-27 所示。

步骤 2：打开"信号映射"对话框，类型选择 OPC DA，OPC DC 选择 Kepware.KEPSer\ 服务器，创建两个 I/O 信号分别为"MCD 信号(2)"和"外部信号(2)"，单击连接的信号，如图 1-5-28 所示。

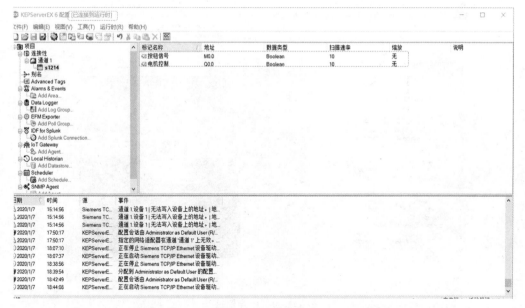

图 1-5-27　连接状态

图 1-5-28　信号映射

步骤 3：单击"播放"按钮，如图 1-5-29 所示，观察运动行为并在运动时查看器中观察速度、位置值的变化。

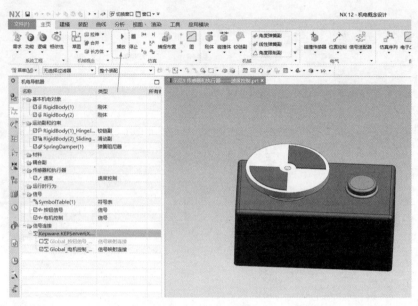

图 1-5-29　程序测试

【实践训练】

1. 查找相关资料完成 KEPServerEX 6 软件和博途 V15.1 软件的安装。
2. 完成"任务 5.基于 OPC DA 通信调试实例"的训练任务。
3. 完成实践任务考核评分表见表 1-5-1。

表 1-5-1　实践任务考核评分表

评分项目	考核标准	权重	得分
配置 KEPServerEX 6 软件	能按照任务示范完成相关的设置	10%	
创建 MCD 项目	完成示范 12MCD 搭建，正确合理	40%	
创建 PLC 项目	能建立简单 PLC 项目，编写控制程序	30%	
MCD 与 PLC 信号映射	信号映射准确无误	20%	

任务 6　定义信号适配器

【任务描述】

信号适配器是 MCD 为了解决复杂的逻辑运行及函数运算而提出的方法，它拥有较高的控制优先级。本任务是应用信号适配器设置运动副、执行器等参数来设定 MCD 输入输出信号，以便对接外部信号的控制机构进行运动仿真。

【任务分析】

本任务要求学生有较好的逻辑思维能力，同时具备一定的 C 语言基础，懂得数据类型的分类和意义，这对理解信号适配器参数、信号与参数关系公式和信号定义有重要的作用。

【任务目标】

1. 了解信号适配器的概念。
2. 理解信号适配器各参数的含义。
3. 掌握定义信号适配器信号的方法。
4. 能运用信号适配器设置完成逻辑控制的应用。

【相关知识】

信号适配器

信号适配器：使用信号适配器命令封装运行时公式和信号。可以在一个信号适配器中包含多个信号和运行时公式。可以使用符号表的标准列表中的名称来命名信号。

创建包含信号的信号适配器之后将在机电导航器中创建信号对象，可以使用该信号来连接外部信号，例如 OPC 服务器、PLCSIM Adv 等信号。

定义信号适配器：单击停靠功能区"主页"下的"电气"组中的"符号表"下拉按钮，在下拉列表中选择"信号适配器"图标 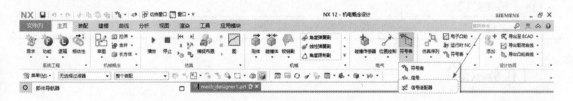（图 1-6-1），弹出"信号适配器"对话框（图 1-6-2），定义信号适配器参数（表 1-6-1）。

图 1-6-1　信号适配器入口位置

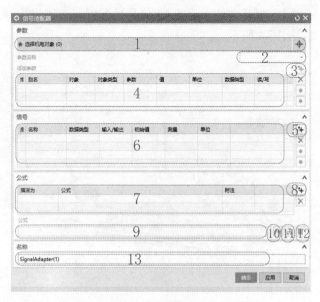

图 1-6-2　"信号适配器"对话框

表 1-6-1　信号适配器参数

序号	参数	描述
1	选择机电对象	选择要添加到信号适配器的参数的机电对象
2	参数名称	显示选定物理对象中的参数
3	参数-添加	将参数列表中选择的参数添加到参数表中
4	参数表	显示添加的参数及其所有属性值，并允许更改这些值
5	信号-添加	在信号表中添加一个信号
6	信号表	显示添加的信号及其所有属性值，并允许更改这些值
7	公式表	当在各自的表中选择（勾选）信号或参数旁边的复选框时，信号或参数将被添加到该表中。允许为信号和参数分配一个公式。请注意：输出信号可以是一个或多个参数或信号的函数。输入信号只能用在公式中，不能赋值给公式。参数可以是一个或多个参数或信号的函数
8	公式-添加	将在"公式"框中显示的公式分配给选定的参数或信号。添加一个新公式，以便使用一个公式作为另一个函数中的变量
9	公式框	允许选择、键入或编辑公式
10	插入函数	向选定的参数或信号添加新函数
11	条件语句	向选定的参数或信号添加新的条件语句
12	扩展文本输入	显示一个大文本框以输入冗长的公式
13	名称	定义信号适配器的名称

【任务示范】

示范 13-1：输送
机构 MCD 配置

示范 13：定义信号适配器

步骤 1：打开文件"示范 13.信号适配器——逻辑控制.prt"，进入 MCD 环境，如图 1-6-3 所示。

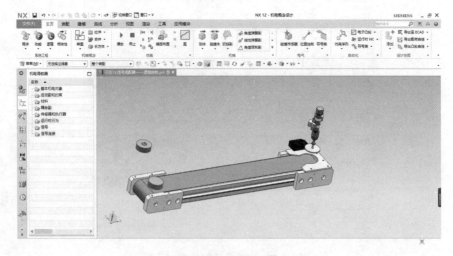

图 1-6-3　MCD 环境

步骤 2：添加相关"基本机电对象""运动副和约束"以及"传感器和执行器"，步骤见"任务 4"相关步骤，结果如图 1-6-4 所示。

图 1-6-4　对象列表

步骤 3：添加"信号适配器"——参数。

（1）打开"信号适配器"对话框，机电对象选择"传送带"传输面，参数名称选择"平行速度"，点选添加参数，如图 1-6-5 所示。

图 1-6-5　添加"传送带"机电对象参数

（2）对象进行重命名，并勾选"指派为"复选框，如图 1-6-6 所示。

（3）打开"信号适配器"对话框，机电对象选择"气缸位置"位置控制，如图 1-6-7 所示。

（4）修改参数名称为"定位"，如图 1-6-8 所示。

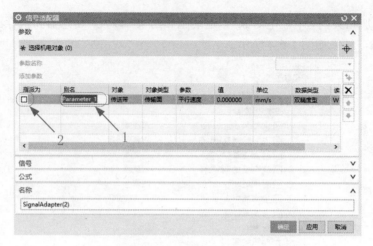

图 1-6-6　对象重命名

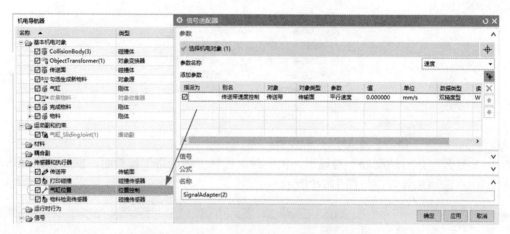

图 1-6-7　添加"气缸位置"机电对象参数

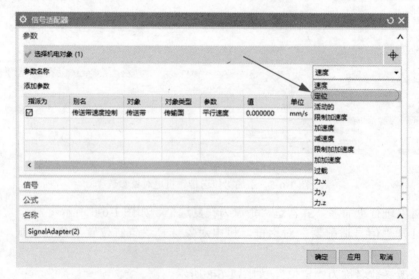

图 1-6-8　修改参数名称

（5）单击"添加参数"按钮，如图 1-6-9 所示。

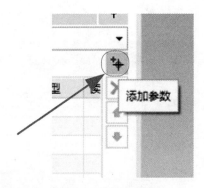

图 1-6-9　添加参数

（6）按照以上方式添加参数列表，如图 1-6-10 所示。

指派为	别名	对象	对象类型	参数	值	单位	数据类型	读/写
☑	传送带速度控制	传送带	传输面	平行速度	0.000000	mm/s	双精度型	W
	传感器	物料检测...	碰撞传感器	已触发	false		布尔型	R
☑	气缸	气缸位置	位置控制	定位	0.000000	mm	双精度型	W
☑	放料	勾选生成...	对象源	活动的	true		布尔型	W
☑	收集	收集物料	对象收集器	活动的	true		布尔型	W

图 1-6-10　添加参数列表

步骤 4：添加"信号适配器"——信号。

（1）添加信号，如图 1-6-11 所示。

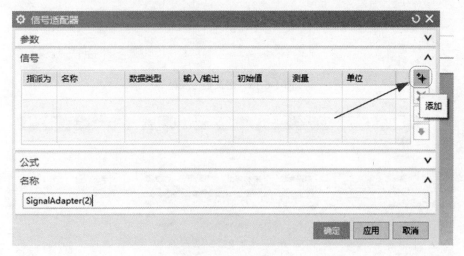

图 1-6-11　添加信号

（2）选择数据类型，如图 1-6-12 所示。

（3）定义信号输入/输出类型，如图 1-6-13 所示。

（4）重命名并勾选指派，如图 1-6-14 所示。

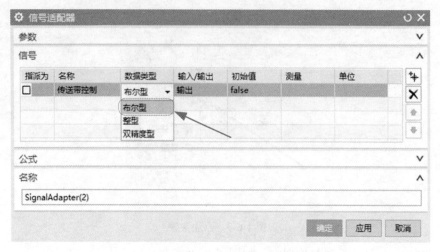

图 1-6-12　选择数据类型

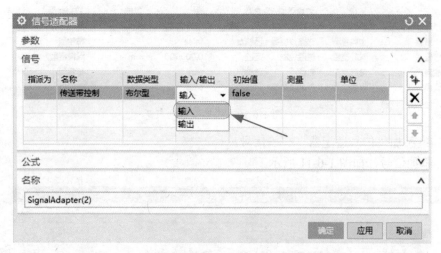

图 1-6-13　定义信号类型

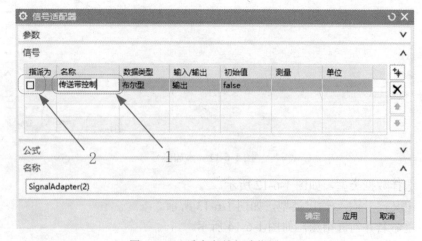

图 1-6-14　重命名并勾选指派

（5）按照以上方式添加信号列表（TJ 为辅助信号），如图 1-6-15 所示。

指派为	名称	数据类型	输入/输出	初始值	测量	单位
	传送带控制	布尔型	输入	false		
☑	传感器信号	布尔型	输出	false		
	气缸控制	布尔型	输入	false		
	放料控制	布尔型	输入	false		
☑	TJ	布尔型	输出	false		
	收集控制	布尔型	输入	false		

图 1-6-15　添加信号列表

步骤 5：添加"信号适配器"——公式。

（1）选择要定义的信号，单击定义公式位置，再单击"插入条件"按钮，如图 1-6-16 所示。

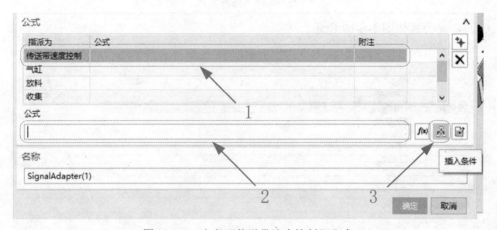

图 1-6-16　定义"传送带速度控制"公式

（2）插入条件构建器，如图 1-6-17 所示。

图 1-6-17　条件构造器

（3）定义公式，按 Enter 键确定输入公式，如图 1-6-18 所示。

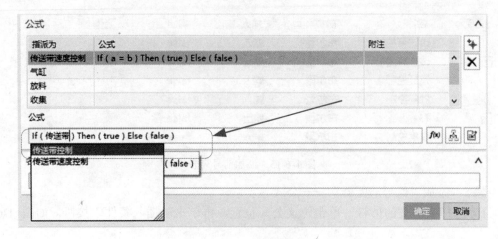

图 1-6-18   输入公式

（4）定义公式如图 1-6-19 所示。

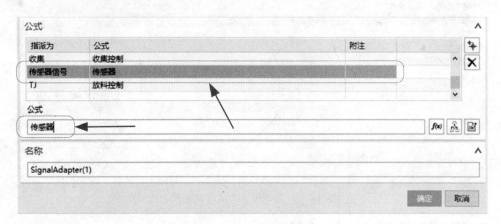

图 1-6-19   定义"传感器"公式

（5）按照以上方式添加公式列表，如图 1-6-20 所示。

指派为	公式	附注
传送带速度控制	If (传送带控制) Then (100) Else (0)	
气缸	If (气缸控制) Then (-17) Else (0)	
放料	If (放料控制&!TJ) Then (true) Else (false)	
收集	收集控制	
传感器信号	传感器	
TJ	放料控制	

图 1-6-20   添加公式列表

步骤 6：创建符号表。

（1）信号适配器定义完成后单击"确定"按钮，如图 1-6-21 所示。

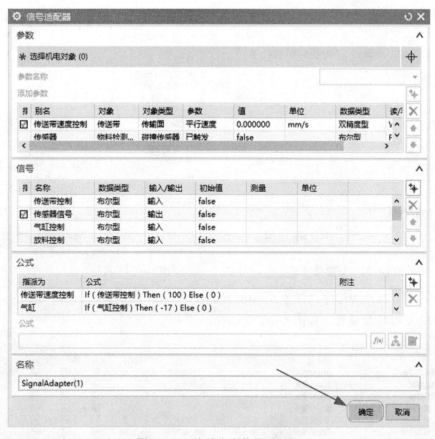

图 1-6-21　完成定义信号适配器

（2）新建符号表，如图 1-6-22 所示。

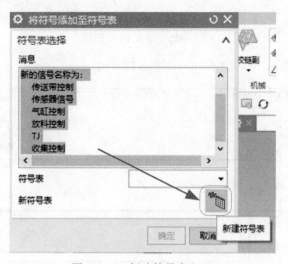

图 1-6-22　新建符号表入口

（3）单击"确定"按钮，如图 1-6-23 所示。

（4）选择符号表，单击"确定"按钮，如图 1-6-24 所示。

图 1-6-23　新建符号表

图 1-6-24　将符号添加至符号表

步骤 7：打开博途源程序"任务 6.ap15_1"。

（1）定义 PLC 变量表，如图 1-6-25 所示。

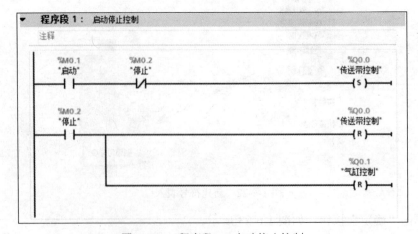

图 1-6-25　定义 PLC 变量表

（2）编写 PLC 程序，如图 1-6-26～图 1-6-28 所示。

图 1-6-26　程序段 1：启动停止控制

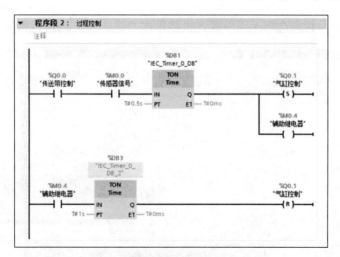

图 1-6-27　程序段 2：过程控制

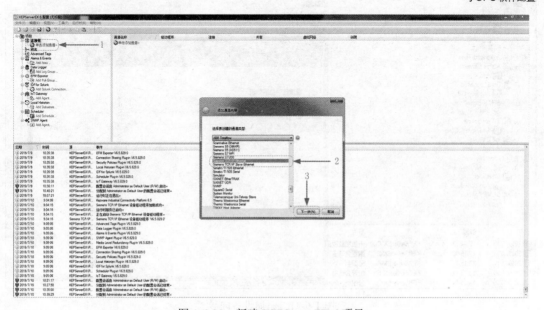

图 1-6-28　程序段 3：物料控制

步骤 8：创建 KEPServerEX 6 项目。

（1）新建 KEPServerEX 6 项目，如图 1-6-29 所示。

示范 13-2：博途
与 OPC 软件配置

图 1-6-29　新建 KEPServerEX 6 项目

（2）添加网卡，其余选项无需修改，直接单击"下一步"按钮，如图 1-6-30 所示。

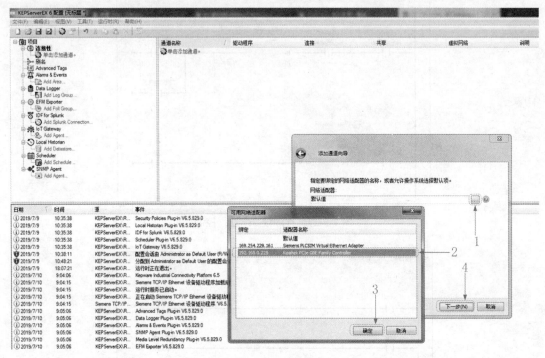

图 1-6-30　添加网卡

（3）添加设备向导，选择创建 PLC，如图 1-6-31 和图 1-6-32 所示。

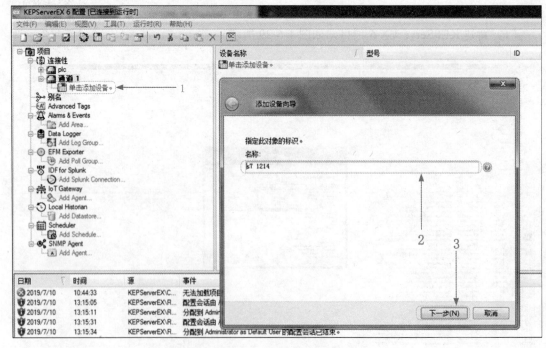

图 1-6-31　添加设备向导

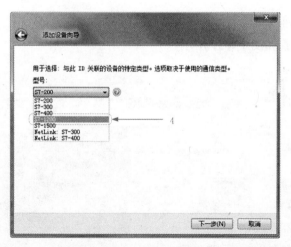

图 1-6-32　选择创建 PLC

（4）输入所连接 PLC 的 IP 地址，其余选项无需修改，直接单击"下一步"按钮，如图 1-6-33 所示。

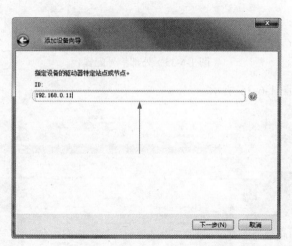

图 1-6-33　修改 IP 地址

（5）创建变量表，如图 1-6-34 所示。

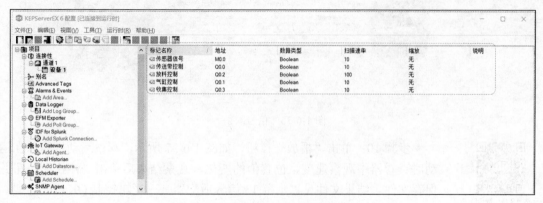

图 1-6-34　创建变量表

步骤 9：创建信号映射。

（1）外部信号配置如图 1-6-35 所示。

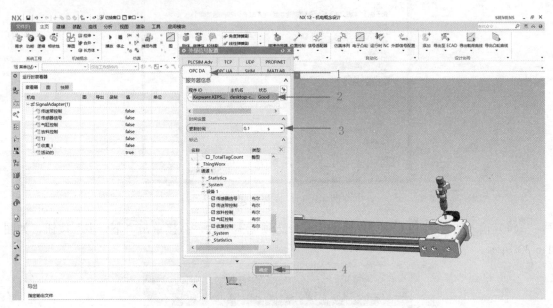

图 1-6-35　外部信号配置

（2）信号映射如图 1-6-36 所示。

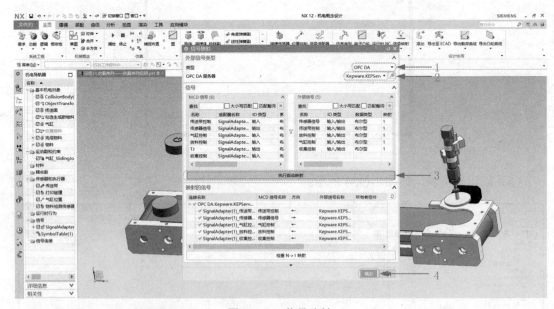

图 1-6-36　信号映射

示范 13-3：MCD 与
PLC 信号映射、调试

步骤 10：单击"播放"按钮，如图 1-6-37 所示，观察运动行为并在运动时查看器中观察速度、位置值的变化，观察结束后单击"停止"按钮并保存文件。结果文件见"示范 13.信号适配器——逻辑控制 OK.prt"。

图 1-6-37　"播放"按钮

【思考与练习】

理论题

1. 在一个信号适配器中包含＿＿＿＿＿＿＿和＿＿＿＿＿＿。
2. 创建包含信号的＿＿＿＿＿＿＿之后，将在机电导航器中创建＿＿＿＿＿＿对象。
3. 将在"公式"框中显示的公式分配给选定的＿＿＿＿＿＿。添加一个新公式，以便用一个公式作为另一个函数的变量。

操作题

完成示范 13 的训练任务。

考核评分

任务考核评分表见表 1-6-2。

表 1-6-2　任务考核评分表

评分项目	考核标准	权重	得分
配置 KEPServerEX 6 软件	能按照任务示范完成相关的设置	10%	
创建 MCD 项目	完成示范 13 MCD 搭建，正确合理	40%	
创建 PLC 项目	能建立简单 PLC 项目，编写控制程序	30%	
MCD 与 PLC 信号映射	信号映射准确无误	20%	

任务 7　基于 Adv.通信虚拟调试实例

【任务描述】

本任务是综合前面所学，完成简单 MCD 案例搭建后，运用外部信号配置的 PLCSIM Adv. 内部接口，利用 S7-PLCSIM Advanced 软件，建立虚拟 PLC，对 MCD 输入输出信号进行调试。

【任务分析】

S7-PLCSIM Advanced 是西门子开发的应用于虚拟调试的仿真软件，支持 1500 与 ET200 系列 PLC。本任务主要是了解如何创建 PLC 和使用 S7-PLCSIM Advanced 进行程序的验证与测试，实现虚拟调试。

【任务目标】

1. 了解 S7-PLCSIM Advanced 软件应用，掌握设置方法。
2. 熟练 MCD 平台案例的机电对象、运动副、速度控制以及相关 MCD 相关信号的建立。
3. 掌握 MCD 与 PLC 信号映射的设置方法。
4. 熟练掌握 MCD 与 S7-PLCSIM Advanced 虚拟仿真调试应用。

【任务示范】

示范 14-1：模型
MCD 设置

示范 14：基于 Adv.通信虚拟调试实例

步骤 1：打开文件"示范 14.Plcsim Advanced 应用——逻辑控制.prt"，进入 MCD 环境，如图 1-7-1 所示。

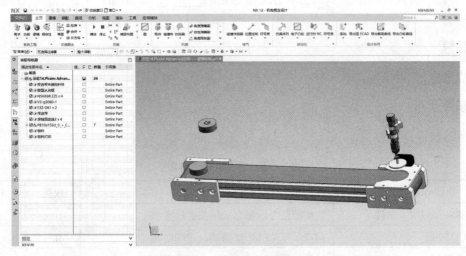

图 1-7-1　MCD 环境

步骤 2：添加相关"基本机电对象""运动副和约束"以及"传感器和执行器"，如图 1-7-2 所示。

机电导航器	
名称 ▲	类型
- 🗁 基本机电对象	
☑ 🔲 CollisionBody(3)	碰撞体
☑ 🔲 ObjectTransformer(1)	对象变换器
☑ 🔲 传送面	碰撞体
☑ 🔲 匀速生成新物料	对象源
☑ 🔲 气缸	刚体
☐ 🔲 收集物料	对象收集器
+ ☑ 🔲 完成物料	刚体
+ ☑ 🔲 物料	刚体
- 🗁 运动副和约束	
☑ 🔲 气缸_SlidingJoint(1)	滑动副
🗁 材料	
🗁 耦合副	
- 🗁 传感器和执行器	
☑ 🔲 传送带	传输面
☑ 🔲 打印碰撞	碰撞传感器
☑ 🔲 气缸位置	位置控制
☑ 🔲 物料检测传感器	碰撞传感器

图 1-7-2　对象列表

步骤 3：添加"信号适配器"——参数。

（1）打开"信号适配器"对话框，机电对象选择"传送带"传输面，参数名称选择"平行速度"，单击"添加参数"按钮，如图 1-7-3 所示。

图 1-7-3 添加"传送带"机电对象参数

（2）对象进行重命名并勾选"指派为"复选项，如图 1-7-4 所示。

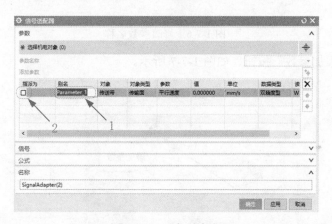

图 1-7-4 对象重命名

（3）打开"信号适配器"对话框，机电对象选择"气缸位置"位置控制，如图 1-7-5 所示。

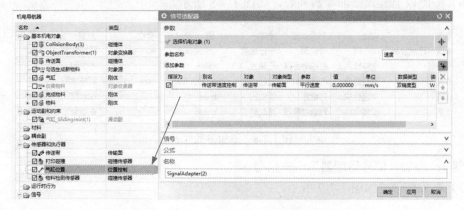

图 1-7-5 添加"气缸位置"机电对象参数

（4）修改参数名称为"定位"，如图 1-7-6 所示。

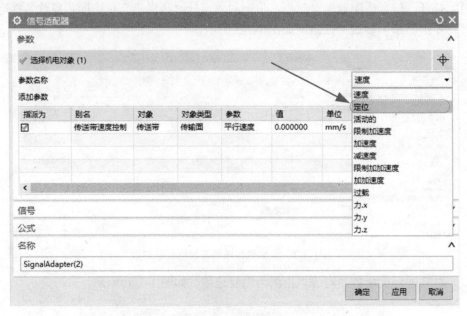

图 1-7-6　修改参数名称

（5）单击"添加参数"按钮，如图 1-7-7 所示。

图 1-7-7　添加参数

（6）按照以上方式添加参数列表，如图 1-7-8 所示。

指派为	别名	对象	对象类型	参数	值	单位	数据类型	读/写
☑	传送带速度控制	传送带	传输面	平行速度	0.000000	mm/s	双精度型	W
	传感器	物料检测...	碰撞传感器	已触发	false		布尔型	R
☑	气缸	气缸位置	位置控制	定位	0.000000	mm	双精度型	W
☑	放料	勾选生成...	对象源	活动的	true		布尔型	W
☑	收集	收集物料	对象收集器	活动的	true		布尔型	W

图 1-7-8　添加参数列表

步骤 4：添加"信号适配器"——信号。

（1）添加信号，如图 1-7-9 所示。

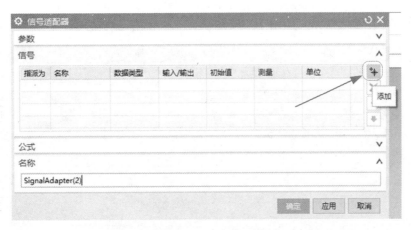

图 1-7-9　添加信号

（2）选择数据类型，如图 1-7-10 所示。

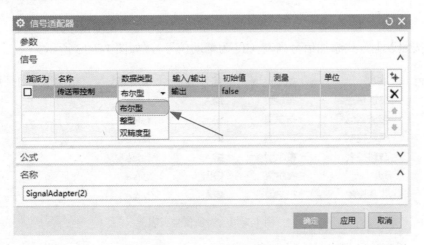

图 1-7-10　选择数据类型

（3）定义信号输入/输出类型，如图 1-7-11 所示。

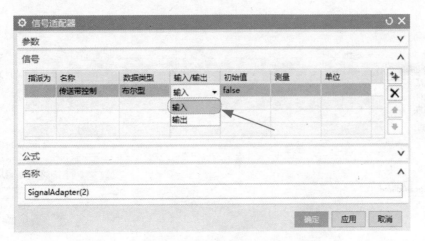

图 1-7-11　定义信号类型

（4）重命名并勾选指派，如图 1-7-12 所示。

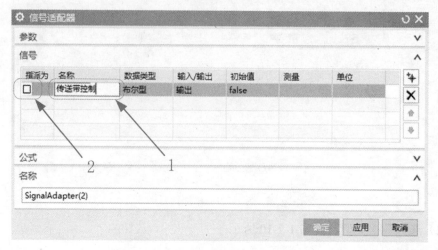

图 1-7-12　重命名并勾选指派

（5）按照以上方式添加信号列表（TJ 为辅助信号），如图 1-7-13 所示。

指派为	名称	数据类型	输入/输出	初始值	测量	单位
	传送带控制	布尔型	输入	false		
☑	传感器信号	布尔型	输出	false		
	气缸控制	布尔型	输入	false		
	放料控制	布尔型	输入	false		
☑	TJ	布尔型	输出	false		
	收集控制	布尔型	输入	false		

图 1-7-13　添加信号列表

步骤 5：添加传送带速度控制公式。

（1）选择要定义的信号，单击定义公式位置，再单击"插入条件"按钮，如图 1-7-14 所示。

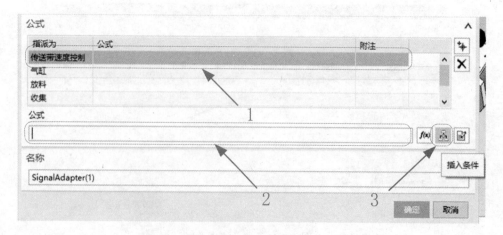

图 1-7-14　定义"传送带速度控制"公式

（2）插入条件构建器，如图 1-7-15 所示。

图 1-7-15　条件构造器

（3）定义公式，按 Enter 键确定输入公式，如图 1-7-16 所示。

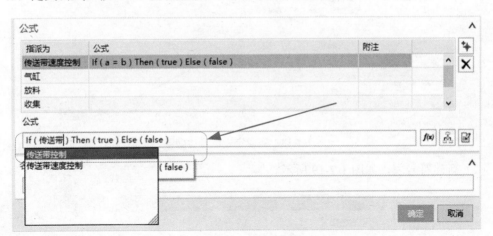

图 1-7-16　输入公式

步骤 6：按照步骤 5 的方法添加如图 1-7-17 所示的公式列表。

指派为	公式	附注
传送带速度控制	If (传送带控制) Then (100) Else (0)	
气缸	If (气缸控制) Then (-17) Else (0)	
放料	If (放料控制&!TJ) Then (true) Else (false)	
收集	收集控制	
传感器信号	传感器	
TJ	放料控制	

图 1-7-17　添加公式列表

步骤 7：创建符号表。

（1）信号适配器定义完成后单击"确定"按钮，如图 1-7-18 所示。

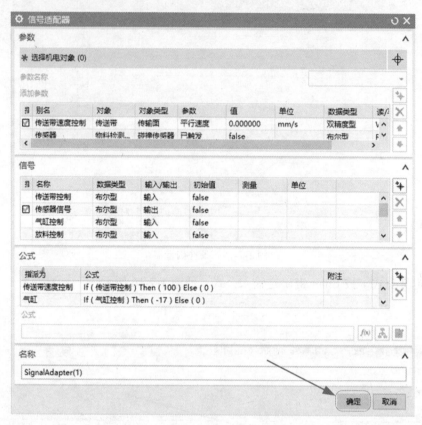

图 1-7-18 完成定义信号适配器

（2）新建符号表，如图 1-7-19 所示。

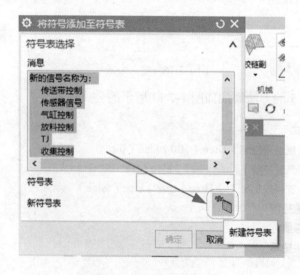

图 1-7-19 新建符号表入口

（3）单击"确定"按钮，如图 1-7-20 所示。

（4）选择符号表，单击"确定"按钮，如图 1-7-21 所示。

图 1-7-20 新建符号表

图 1-7-21 将符号添加至符号表

步骤 8：打开博途源程序"任务 7.ap15_1"或按如下步骤完成相关设置与编程。

（1）启动允许仿真。在博途软件界面中右击"项目 2"并选择"属性"，如图 1-7-22 所示；在"保护"项目框里勾选"块编译时支持仿真"复选项，单击"确定"按钮，如图 1-7-23 所示。

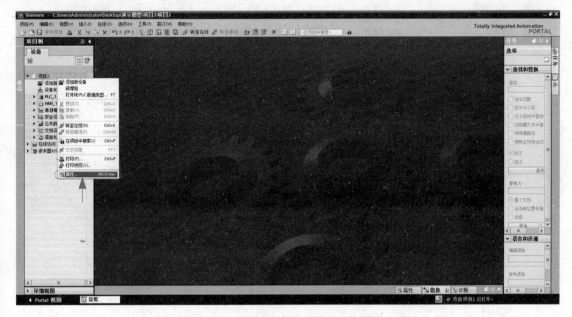

图 1-7-22 在博途软件中打开项目 2 的属性对话框

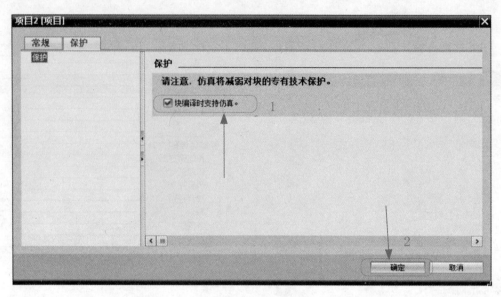

图 1-7-23　属性对话框

（2）定义 PLC 变量表，如图 1-7-24 所示。

		名称	变量表	数据类型	地址 ▲	保持	可从 ...	从 H...	在 H...	监控	注释
1		传送带控制	默认变量表	Bool	%Q0.0		☑	☑	☑		
2		气缸控制	默认变量表	Bool	%Q0.1		☑	☑	☑		
3		放料控制	默认变量表	Bool	%Q0.2		☑	☑	☑		
4		收集控制	默认变量表	Bool	%Q0.3		☑	☑	☑		
5		启动	默认变量表	Bool	%M0.1		☑	☑	☑		
6		传感器信号	默认变量表	Bool	%M0.0		☑	☑	☑		
7		停止	默认变量表	Bool	%M0.2		☑	☑	☑		
8		辅助继电器	默认变量表	Bool	%M0.4		☑	☑	☑		
9		放料	默认变量表	Bool	%M0.5		☑	☑	☑		
10		收集	默认变量表	Bool	%M0.6		☑	☑	☑		
11		<新增>		▼	圖		☑	☑	☑		

图 1-7-24　定义 PLC 变量表

（3）编写 PLC 程序，如图 1-7-25～图 1-7-27 所示。

- ▼ **程序段 1：** 启动停止控制

注释

```
    %M0.1         %M0.2                              %Q0.0
    "启动"        "停止"                            "传送带控制"
  ──┤ ├──────────┤/├──────────────────────────────( S )──

    %M0.2                                            %Q0.0
    "停止"                                          "传送带控制"
  ──┤ ├─────────────────────────────┬──────────────( R )──
                                     │
                                     │              %Q0.1
                                     │             "气缸控制"
                                     └──────────────( R )──
```

图 1-7-25　程序段 1：启动停止控制

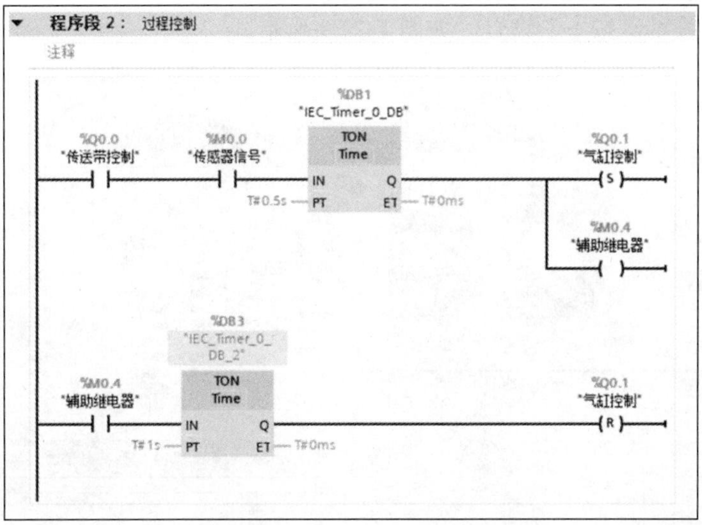

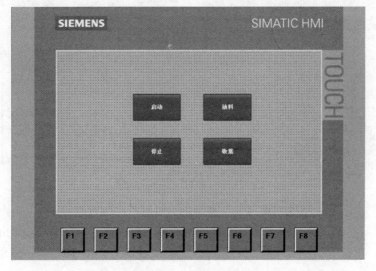

图 1-7-26 程序段 3：过程控制

图 1-7-27 程序段 3：物料控制

步骤 9：触摸屏设置。

触摸屏界面如图 1-7-28 所示。

图 1-7-28 触摸屏界面

（1）触摸屏按键"按下"设置，如图 1-7-29 所示。

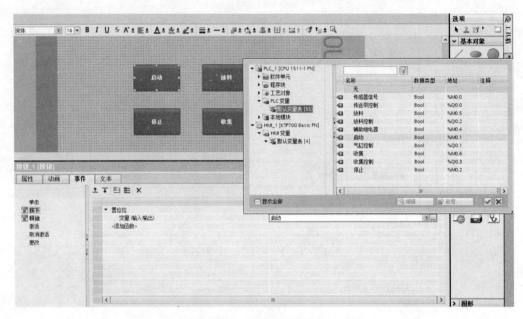

图 1-7-29　按键"按下"设置

（2）触摸屏按键"释放"设置，如图 1-7-30 所示。

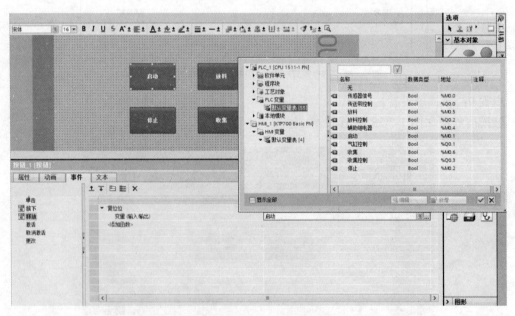

图 1-7-30　按键"释放"设置

示范 14-2：S7-PLCSIM
Advanced 配置 MCD 与
PLC 信号映射

步骤 10：PLC 创建 adv 虚拟。

（1）打开 S7-PLCSIM Advanced V2.0 SP1，选择 Instance name 为 plc1500，选择 PLC type 为 Unspecified CPU 1500，单击 Start 按钮，如图 1-7-31 所示。

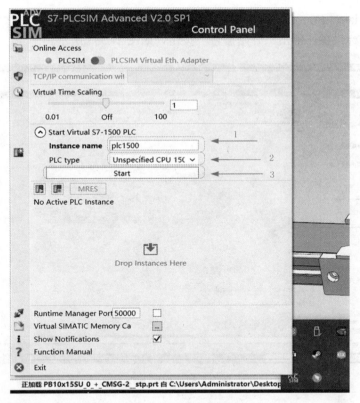

图 1-7-31　PLC 创建

（2）S7-PLCSIM Advanced V2.0 SP1 创建成功，如图 1-7-32 所示。

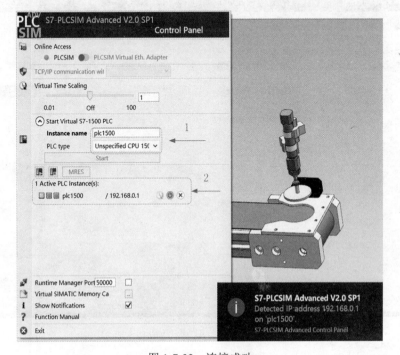

图 1-7-32　连接成功

（3）单击 Main 信号，再单击"下载"按钮，弹出"扩展下载到设备"对话框，选择 PN/IE_1 连接，再选择目标设备，单击"开始搜索"按钮，如图 1-7-33 所示。

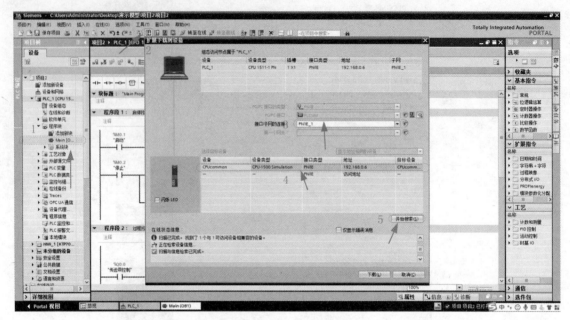

图 1-7-33　程序下载

（4）动作选择"启动模块"，然后单击"完成"按钮，如图 1-7-34 所示。

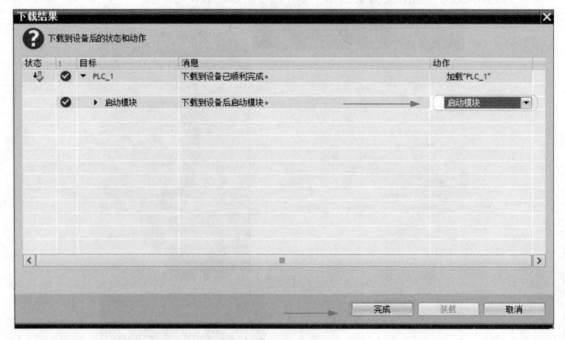

图 1-7-34　程序下载成功

（5）虚拟 PLC 启动成功，如图 1-7-35 所示。

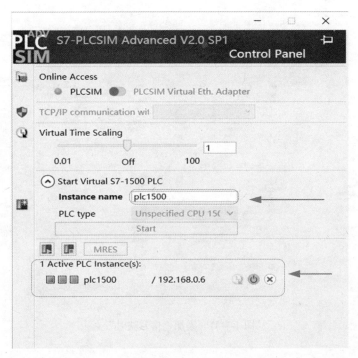

图 1-7-35　启动成功

（6）添加外部信号，如图 1-7-36 所示。

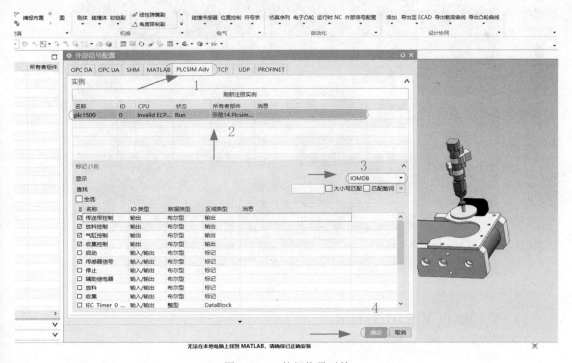

图 1-7-36　外部信号对接

（7）添加"信号映射"，如图 1-7-37 所示。

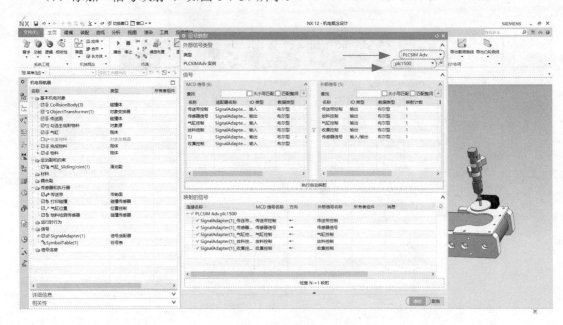

图 1-7-37　添加"信号映射"

触摸屏界面如图 1-7-38 所示。

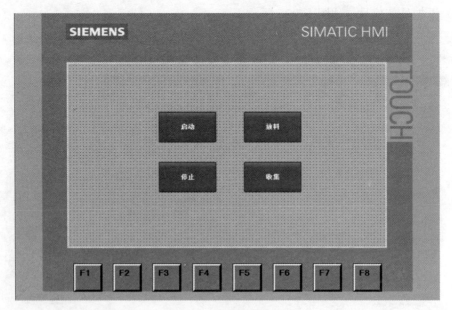

图 1-7-38　触摸屏界面

（8）监控成功，如图 1-7-39 所示。

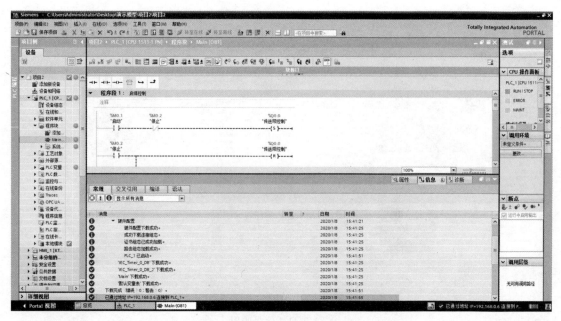

图 1-7-39　监控成功

步骤 11：创建信号映射。

（1）外部信号配置，如图 1-7-40 所示。

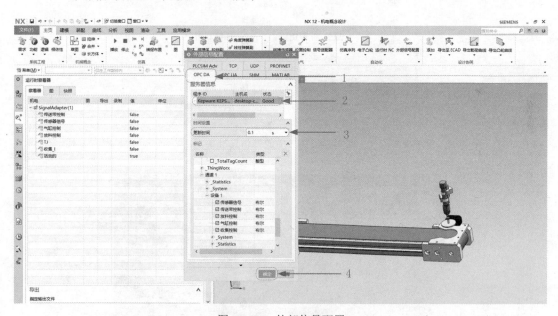

图 1-7-40　外部信号配置

（2）信号映射，如图 1-7-41 所示。

步骤 12：仿真调试。

（1）单击"播放"按钮，如图 1-7-42 所示。

（2）单击触摸屏中的"启动"按钮，如图 1-7-43 所示。

示范 14-3：MCD
与 PLC 仿真调试

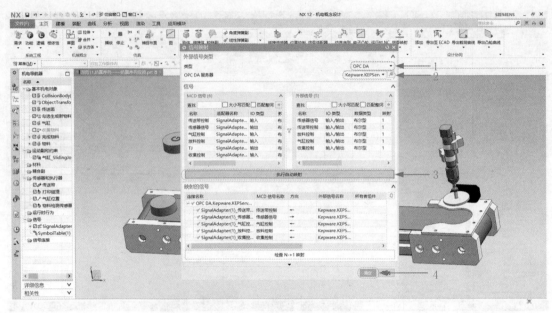

图 1-7-41　信号映射

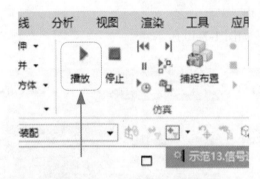

图 1-7-42　"播放"仿真准备

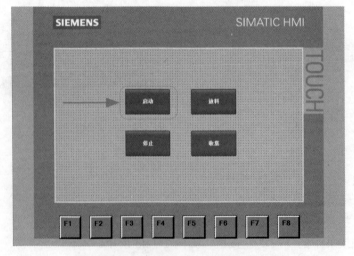

图 1-7-43　点击触摸屏中的"启动"按钮

（3）观察运动行为并在运动时查看器中观察速度、位置值的变化。

【实践训练】

1．查找相关资料完成 S7-PLCSIM Advanced 软件的安装。

2．完成示范 14 的训练任务。

3．完成实践任务考核评分表见表 1-7-1。

表 1-7-1　实践任务考核评分表

评分项目	考核标准	权重	得分
配置 S7-PLCSIM Advanced 软件	能按照任务示范完成相关的设置	10%	
创建 MCD 项目	完成示范 14 MCD 搭建，正确合理	30%	
创建 PLC 项目	能编写完整的 PLC 控制程序和进行触摸屏界面设置	40%	
MCD 与 PLC 信号映射	信号映射准确无误，完成虚拟调试	20%	

第2部分　机电设备控制系统MCD应用实例

导读

　　本部分通过自动钻床控制系统和自动分拣系统两个MCD应用实例示范,将机电概念设计的工作过程"基本机电对象的定义—运动副和约束的定义—传感器和执行器定义—运动时行为定义—信号配置—整机仿真"和学习过程相结合,让学生在做中学,在完成任务的过程中掌握机电概念设计的知识和技能,进而提升机电概念设计实践能力。

教学目标

知识目标

1. 了解自动钻床控制系统和自动分拣系统的结构组成。
2. 掌握自动钻床控制系统和自动分拣系统的工作流程。
3. 掌握自动钻床控制系统和自动分拣系统的PLC输入输出信号。
4. 掌握自动钻床控制系统和自动分拣系统的PLC程序编写。
5. 掌握自动钻床控制系统和自动分拣系统的MCD-PLC调试的基本方法和步骤。

技能目标

1. 能完成自动钻床控制系统和自动分拣系统基本机电对象的定义。
2. 能完成自动钻床控制系统和自动分拣系统运动副和约束的定义。
3. 能完成自动钻床控制系统和自动分拣系统的传感器和执行器定义。
4. 能完成自动钻床控制系统和自动分拣系统的信号配置与信号映射。
5. 能完成自动钻床控制系统的MCD-OPC-PLC调试整机仿真。
6. 能完成自动分拣系统的Adv.调试整机仿真。

素质目标

1. 具有坚定正确的政治信念、良好的职业道德和科学的创新精神。
2. 具有良好的心理素质和健康的体魄。
3. 具有分析与决策能力。
4. 具有与他人合作、沟通、进行团队工作的能力。

任务 1　自动钻床控制系统 MCD 应用

【任务描述】

通过第一部分基础入门的学习，读者已经对 MCD 机电概念设计及虚拟调试有了一定的了解。为了进一步巩固前面所学，本任务对自动钻床控制系统进行机电概念的设计，通过 KEPServerEX 6 软件，运用 OPC DA 通信实现所需的功能虚拟调试。

任务流程如图 2-1-1 所示。

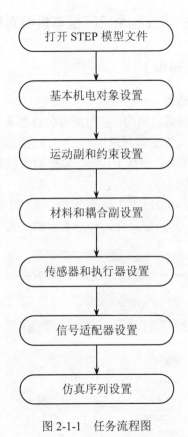

图 2-1-1　任务流程图

【任务分析】

本任务是一个自动钻床控制系统，结构完整，有一定的逻辑性，能完成完整的自动钻孔加工工序。要完成本虚拟调试任务，读者需要具备良好的西门子 S7-1200 编程能力和 MCD 平台应用能力。

要完成本任务的学习，请务必准备好下列软件和硬件：

（1）一块含 CPU1212C DC/DC/DC（订货号：6ES7 212-1AE40-0XB0）的电工调试板。

（2）一台已安装博途 V15.1、KEPServerEX 6、NX 12.0 软件（建议 NX 12.0.2.9 版本）的工程师计算机。

【任务目标】

1. 掌握距离传感器齿轮的设置及应用场景。
2. 掌握弹簧阻尼器的概念及应用场景。
3. 熟悉自动钻床模型的基本机电对象、运动副和约束、材料、传感器和执行器、信号适配器、仿真序列的参数设置。
4. 掌握 OPC DA 在自动钻床控制系统中的应用。
5. 能读懂和编写简单自动钻床控制系统的 PLC 程序，完成自动钻床的虚拟仿真。

任务 1.1　自动钻床控制系统的基本机电对象、传感器设置

任务 1.1　自动钻床控制系统基本机电对象传感器设置

【相关知识】

距离传感器

距离传感器的概念：使用距离传感器命令将距离传感器附加到刚体上，该刚体提供从传感器到最近的碰撞体的距离反馈。可以创建一个基于固定点的检测区域或者将其附加到移动的物体上；可以缩放输出以表示为常数、电压或电流，也可以修剪输出；可以使用输出作为信号。

定义距离传感器：单击停靠功能区"主页"下"机械"组中的"距离传感器"图标，弹出"距离传感器"对话框（图 2-1-2），定义距离传感器参数（表 2-1-1）。

图 2-1-2　"距离传感器"对话框

表 2-1-1　距离传感器参数

序号	参数	描述
1	选择对象	选择一个刚体作为碰撞传感器，若要创建不移动的传感器，则不要选择对象
2	指定点	指定用于测量距离的起始点
3	指定矢量	指定测量方向
4	开口角度	设置测量范围的开口角度
5	范围	设置测量范围的距离
6	类别	设置输出参数类型
7	名称	设置传感器的名称

【任务示范】

示范 15：自动钻床控制系统的基本机电对象、传感器设置

步骤 1：打开 STEP 模型文件。

（1）在 NX 12.0 的菜单栏中选择"文件"→"打开"命令，找到源文件所在的位置，选择"任务 1.1 自动钻床控制系统的基本机电对象、传感器设置.prt"，如图 2-1-3 所示，单击 OK 按钮。

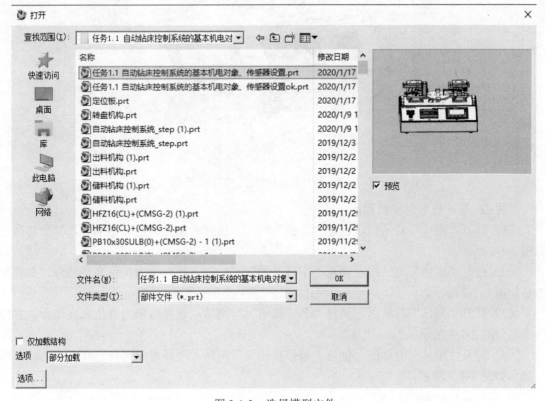

图 2-1-3　选择模型文件

（2）打开后默认进入建模模块，单击上方的"应用模块"菜单项，再单击"更多"按钮，选择"机电概念设计"选项，如图 2-1-4 所示，进入机电概念设计模块，如图 2-1-5 所示。

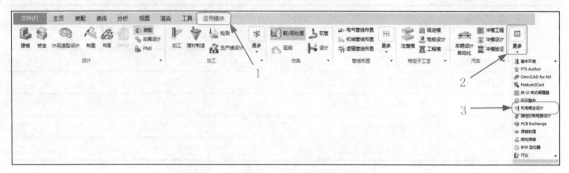

图 2-1-4　选择"机电概念设计"模块

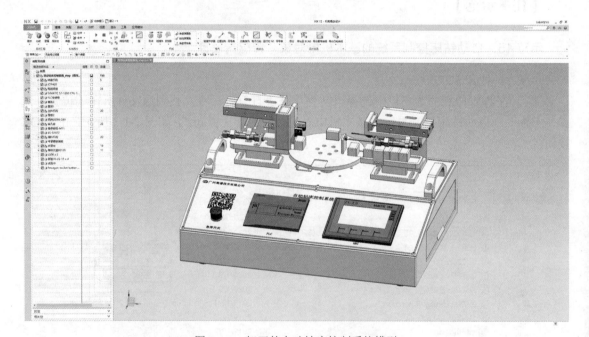

图 2-1-5　打开的自动钻床控制系统模型

步骤 2：基本机电对象设置。

（1）打开"刚体"对话框，创建"盖板"刚体，选择对象为黄色高亮部分，参数与命名如图 2-1-6 所示。

（2）打开"刚体"对话框，创建"空气开关"刚体，选择对象为黄色高亮部分，参数与命名如图 2-1-7 所示。

（3）打开"刚体"对话框，创建"急停按钮 1"刚体，选择对象为黄色高亮部分，参数与命名如图 2-1-8 所示。

（4）打开"刚体"对话框，创建"急停按钮 2"刚体，选择对象为黄色高亮部分，参数与命名如图 2-1-9 所示。

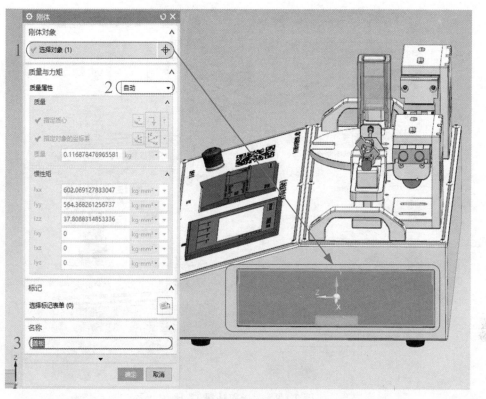

图 2-1-6 "盖板"刚体

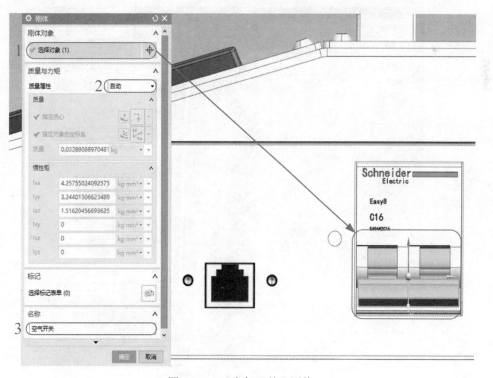

图 2-1-7 "空气开关"刚体

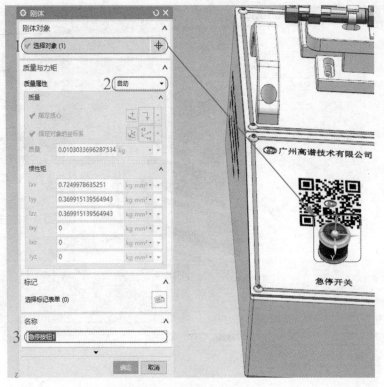

图 2-1-8　"急停按钮 1"刚体

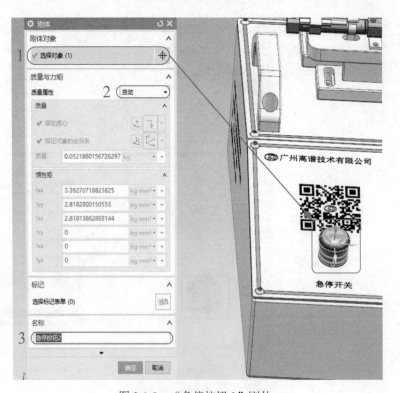

图 2-1-9　"急停按钮 2"刚体

（5）打开"刚体"对话框，创建"转盘"刚体，选择对象为黄色高亮部分，参数与命名如图 2-1-10 所示。

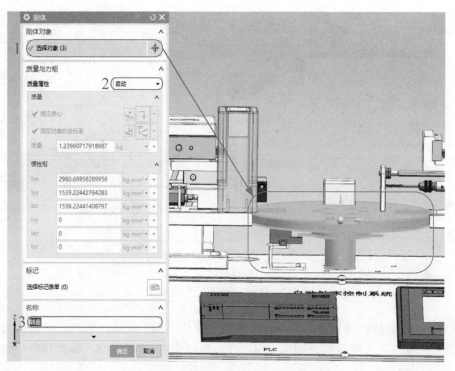

图 2-1-10　"转盘"刚体

（6）打开"碰撞体"对话框，创建"承料台"碰撞体，选择对象为黄色高亮部分，碰撞形状选择为圆柱，参数与命名如图 2-1-11 所示。

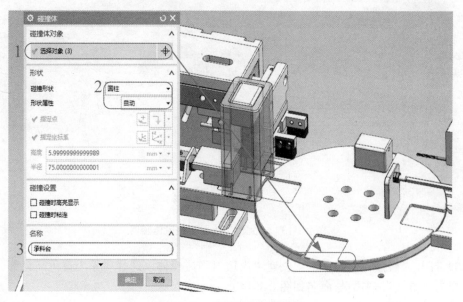

图 2-1-11　"承料台"碰撞体

（7）打开"碰撞体"对话框，创建"检测针"碰撞体，选择对象为黄色高亮部分，碰撞形状选择为"多个凸多面体"，参数与命名如图 2-1-12 所示。

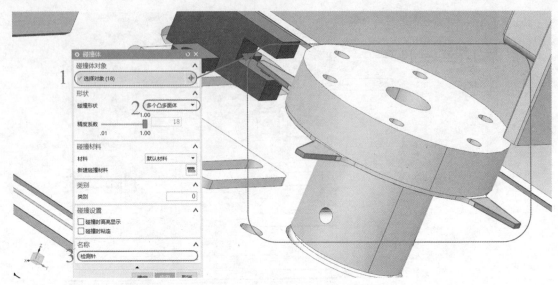

图 2-1-12　"检测针"碰撞体

（8）打开"碰撞传感器"对话框，创建"到位传感器"碰撞传感器，指定点选择为红色区域圆心，矢量方向为坐标系 Z 轴负方向，开口角度为 1，范围为 8，参数与命名如图 2-1-13 所示。

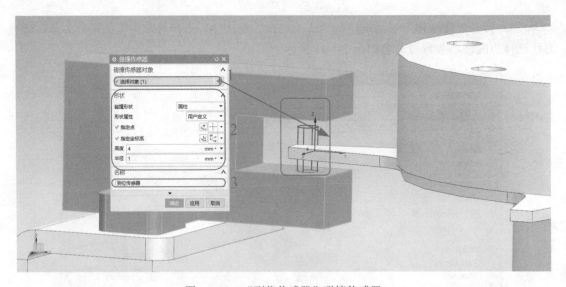

图 2-1-13　"到位传感器"碰撞传感器

（9）打开"碰撞体"对话框，创建"内边 1"碰撞体，选择对象为黄色高亮部分，碰撞形状选择为"方块"，参数与命名如图 2-1-14 所示。

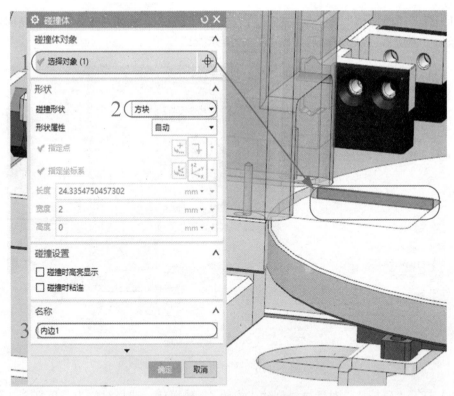

图 2-1-14　"内边 1"碰撞体

（10）打开"碰撞体"对话框，创建"内边 2"碰撞体，选择对象为黄色高亮部分，碰撞形状选择为"方块"，参数与命名如图 2-1-15 所示。

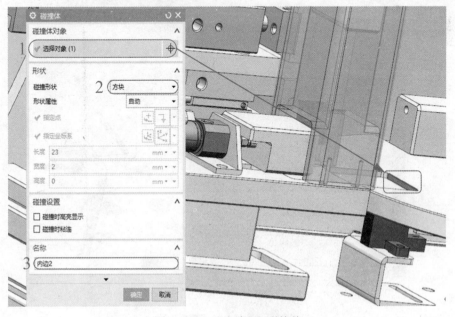

图 2-1-15　"内边 2"碰撞体

（11）打开"碰撞体"对话框，创建"内边 3"碰撞体，选择对象为黄色高亮部分，碰撞形状选择为"方块"，参数与命名如图 2-1-16 所示。

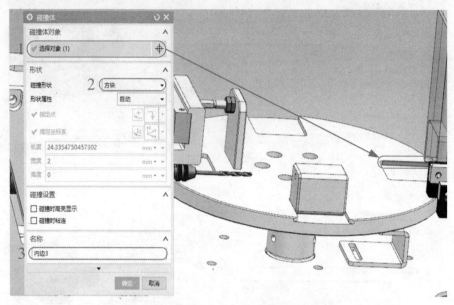

图 2-1-16　"内边 3"碰撞体

（12）打开"碰撞体"对话框，创建"内边 4"碰撞体，选择对象为黄色高亮部分，碰撞形状选择为"方块"，参数与命名如图 2-1-17 所示。

图 2-1-17　"内边 4"碰撞体

（13）打开"碰撞体"对话框，创建"内边 5"碰撞体，选择对象为黄色高亮部分，碰撞形状选择为"方块"，参数与命名如图 2-1-18 所示。

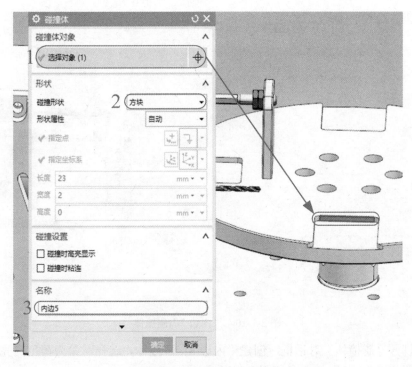

图 2-1-18　"内边 5"碰撞体

（14）打开"碰撞体"对话框，创建"内边 6"碰撞体，选择对象为黄色高亮部分，碰撞形状选择为"方块"，参数与命名如图 2-1-19 所示。

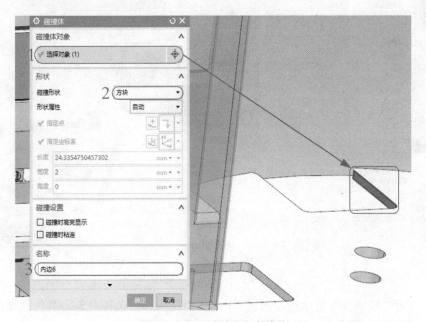

图 2-1-19　"内边 6"碰撞体

（15）打开"碰撞体"对话框，创建"内边7"碰撞体，选择对象为黄色高亮部分，碰撞形状选择为"方块"，参数与命名如图 2-1-20 所示。

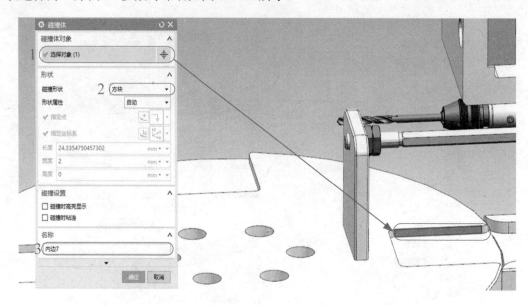

图 2-1-20 "内边 7" 碰撞体

（16）打开"碰撞体"对话框，创建"内边8"碰撞体，选择对象为黄色高亮部分，碰撞形状选择为"方块"，参数与命名如图 2-1-21 所示。

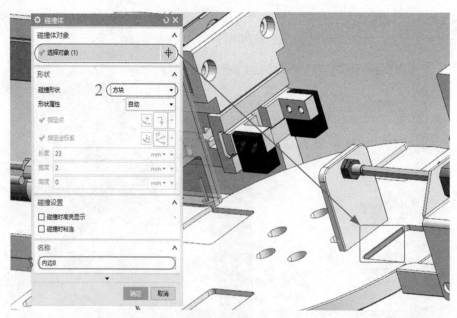

图 2-1-21 "内边 8" 碰撞体

（17）打开"碰撞体"对话框，创建"内边9"碰撞体，选择对象为黄色高亮部分，碰撞形状选择为"方块"，参数与命名如图 2-1-22 所示。

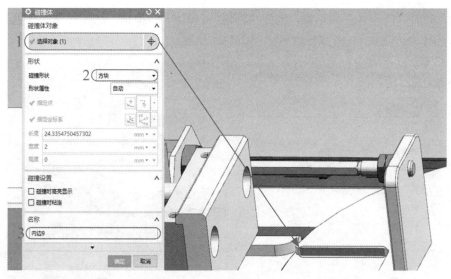

图 2-1-22　"内边 9"碰撞体

（18）打开"刚体"对话框，创建"物料"刚体，选择对象为黄色高亮部分，参数与命名如图 2-1-23 所示。

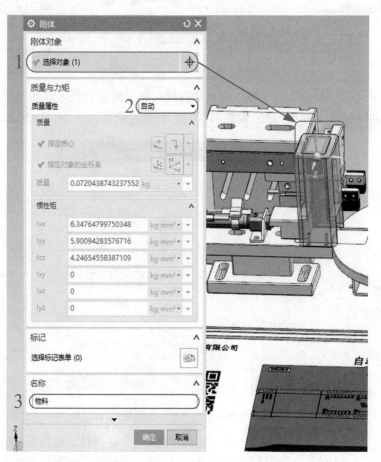

图 2-1-23　"物料"刚体

（19）打开"碰撞体"对话框，创建"物料_碰撞体"碰撞体，选择对象为黄色高亮部分，碰撞形状选择为"方块"，参数与命名如图 2-1-24 所示。

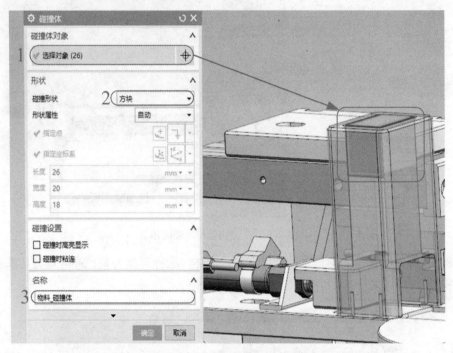

图 2-1-24   "物料_碰撞体"碰撞体

（20）打开"碰撞材料"对话框，创建"内壁材料"碰撞材料，动摩擦设置为 0，静摩擦设置为 0，滚动摩擦设置为 0，恢复设置为 0.01，参数与命名如图 2-1-25 所示。

图 2-1-25   "内壁材料"碰撞材料

（21）打开"碰撞体"对话框，创建"物料口内壁 1"碰撞体，选择对象为黄色高亮部分，碰撞形状选择为"方块"，碰撞材料选择为"内壁材料"，参数与命名如图 2-1-26 所示。

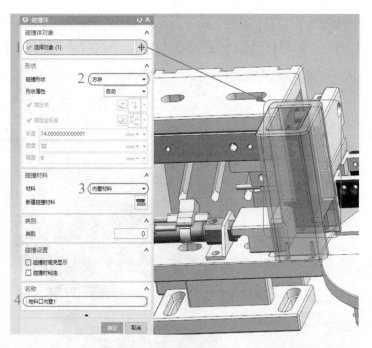

图 2-1-26　"物料口内壁 1"碰撞体

（22）打开"碰撞体"对话框，创建"物料口内壁 2"碰撞体，选择对象为黄色高亮部分，碰撞形状选择为"方块"，碰撞材料选择为"内壁材料"，参数与命名如图 2-1-27 所示。

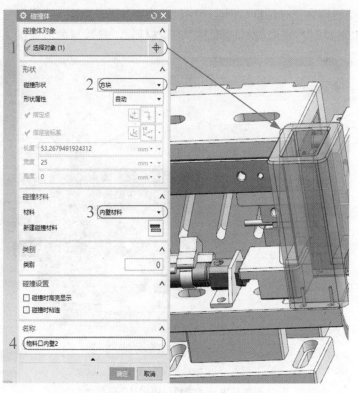

图 2-1-27　"物料口内壁 2"碰撞体

（23）打开"碰撞体"对话框，创建"物料口内壁3"碰撞体，选择对象为黄色高亮部分，碰撞形状选择为"方块"，碰撞材料选择为"内壁材料"，参数与命名如图2-1-28所示。

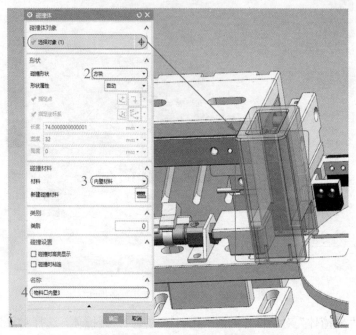

图2-1-28　"物料口内壁3"碰撞体

（24）打开"碰撞体"对话框，创建"物料口内壁4"碰撞体，选择对象为黄色高亮部分，碰撞形状选择为"方块"，碰撞材料选择为"内壁材料"，参数与命名如图2-1-29所示。

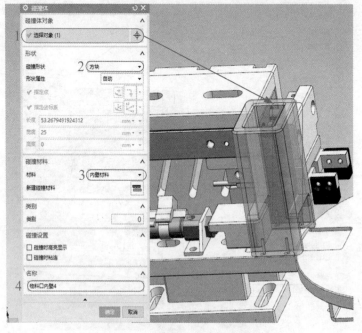

图2-1-29　"物料口内壁4"碰撞体

（25）打开"对象源"对话框，创建"物料源"对象源，选择对象为"物料"刚体，触发选择为"每次激活时一次"，参数与命名如图 2-1-30 所示。

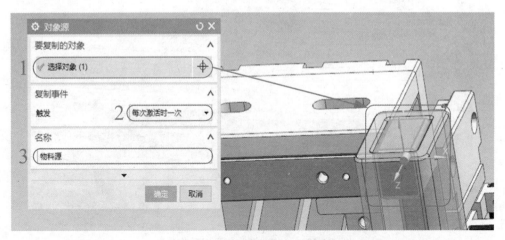

图 2-1-30　"物料源"对象源

（26）打开"碰撞传感器"对话框，创建"收集传感器"碰撞传感器，选择对象为黄色高亮部分，碰撞形状选择为"方块"，形状属性选择为"用户定义"，长度为 32mm，宽度为 43mm，高度为 21mm，参数与命名如图 2-1-31 所示。

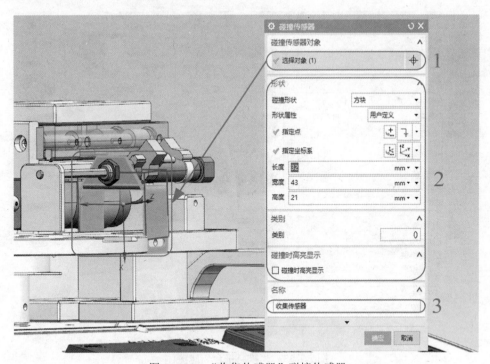

图 2-1-31　"收集传感器"碰撞传感器

（27）打开"对象收集器"对话框，创建"物料源收集"对象收集器，选择对象为"收集传感器"，源选择为"任意"，参数与命名如图 2-1-32 所示。

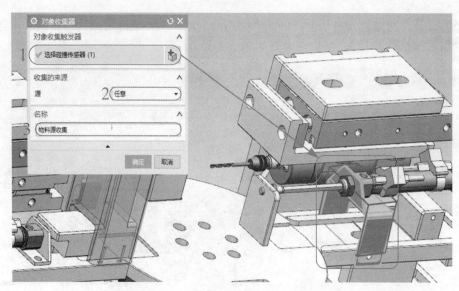

图 2-1-32　"物料源收集"对象收集器

（28）打开"碰撞体"对话框，创建"推料平台"碰撞体，选择对象为黄色高亮部分，碰撞形状选择为"方块"，形状属性选择为"用户定义"，长度设置为 37mm，宽度设置为 29mm，高度设置为 0，参数与命名如图 2-1-33 所示。

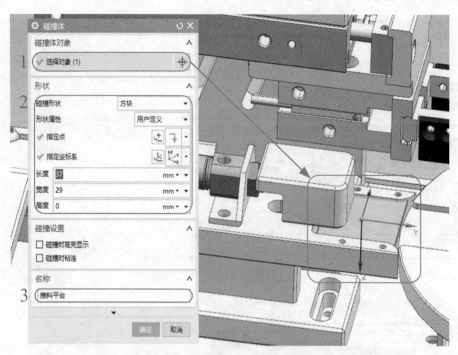

图 2-1-33　"推料平台"碰撞体

（29）打开"刚体"对话框，创建"推料气缸"刚体，选择对象为黄色高亮部分，参数与命名如图 2-1-34 所示。

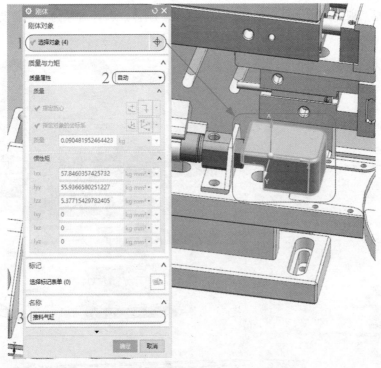

图 2-1-34　"推料气缸"刚体

（30）打开"碰撞体"对话框，创建"推料气缸_碰撞体"碰撞体，选择对象为黄色高亮部分，碰撞形状选择为"凸多面体"，精度系数为 1.00，碰撞材料选择为"内壁材料"，参数与命名如图 2-1-35 所示。

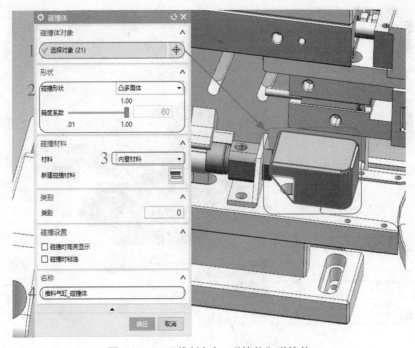

图 2-1-35　"推料气缸_碰撞体"碰撞体

（31）打开"刚体"对话框，创建"夹具气缸"刚体，选择对象为黄色高亮部分，参数与命名如图 2-1-36 所示。

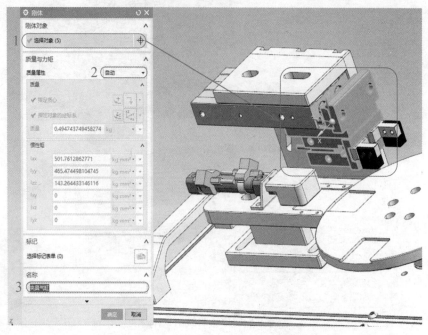

图 2-1-36　"夹具气缸"刚体

（32）打开"刚体"对话框，创建"夹具右"刚体，选择对象为黄色高亮部分，参数与命名如图 2-1-37 所示。

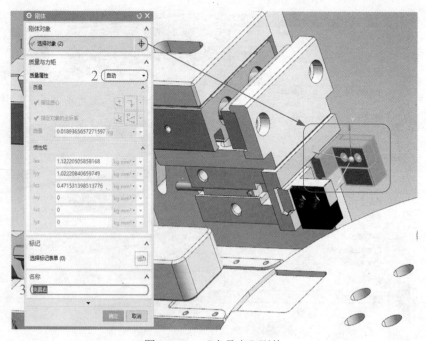

图 2-1-37　"夹具右"刚体

（33）打开"碰撞体"对话框，创建"夹具右_碰撞体"碰撞体，选择对象为黄色高亮部分，碰撞形状选择为"方块"，参数与命名如图 2-1-38 所示。

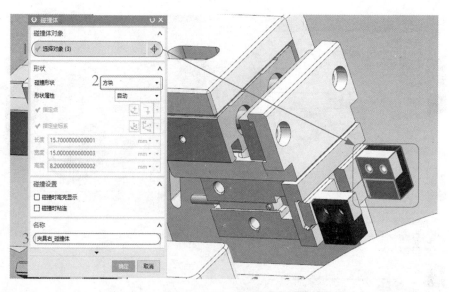

图 2-1-38　"夹具右_碰撞体"碰撞体

（34）打开"刚体"对话框，创建"夹具左"刚体，选择对象为黄色高亮部分，参数与命名如图 2-1-39 所示。

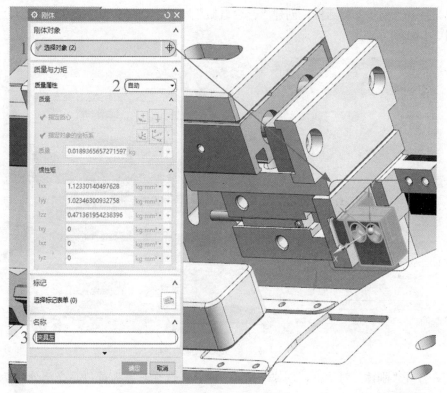

图 2-1-39　"夹具左"刚体

（35）打开"碰撞体"对话框，创建"夹具左_碰撞体"碰撞体，选择对象为黄色高亮部分，碰撞形状选择为"方块"，参数与命名如图 2-1-40 所示。

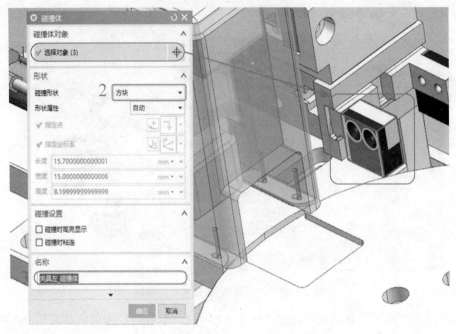

图 2-1-40　"夹具左_碰撞体"碰撞体

（36）打开"刚体"对话框，创建"钻台气缸"刚体，选择对象为黄色高亮部分，参数与命名如图 2-1-41 所示。

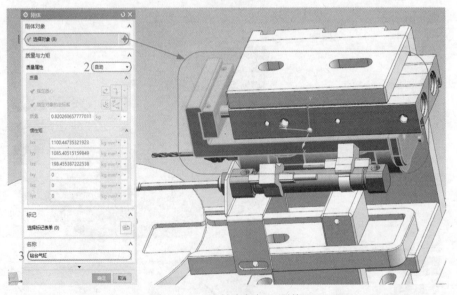

图 2-1-41　"钻台气缸"刚体

（37）打开"刚体"对话框，创建"钻头"刚体，选择对象为黄色高亮部分，参数与命名如图 2-1-42 所示。

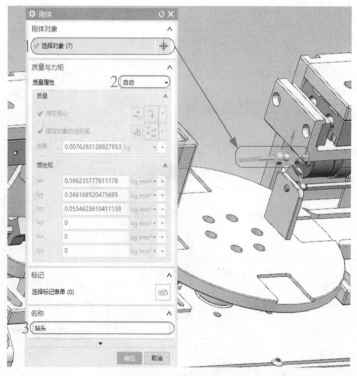

图 2-1-42　"钻头"刚体

（38）打开"刚体"对话框，创建"变换对象"刚体，选择对象为黄色高亮部分，参数与命名如图 2-1-43 所示。

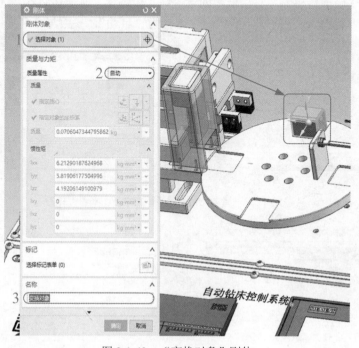

图 2-1-43　"变换对象"刚体

（39）打开"碰撞体"对话框，创建"变换对象_碰撞体"碰撞体，选择对象为黄色高亮部分，碰撞形状选择为"方块"，参数与命名如图 2-1-44 所示。

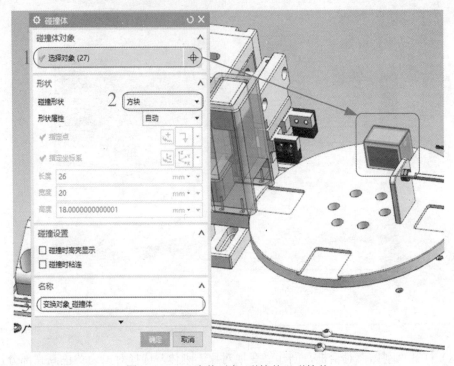

图 2-1-44　"变换对象_碰撞体"碰撞体

（40）打开"碰撞传感器"对话框，创建"钻孔传感器"碰撞传感器，选择对象为黄色高亮部分，碰撞形状选择为"圆柱"，形状属性选择为"自动"，参数与命名如图 2-1-45 所示。

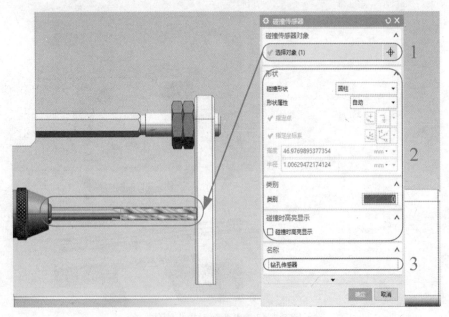

图 2-1-45　"钻孔传感器"碰撞传感器

（41）打开"对象变换器"对话框，创建"钻孔变换"对象变换器，变换触发器选择为"钻孔传感器"碰撞传感器，变换源选择为"任意"，变换为"变换对象"刚体，参数与命名如图2-1-46所示。

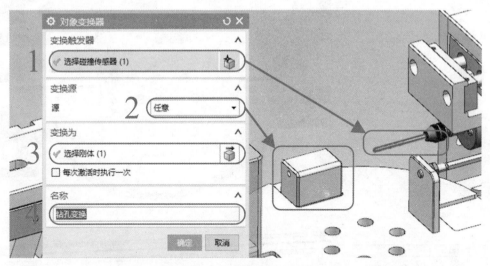

图 2-1-46　"钻孔变换"对象变换器

（42）打开"碰撞体"对话框，创建"回料平台"碰撞体，选择对象为黄色高亮部分，碰撞形状选择为"方块"，形状属性选择为"用户定义"，长度设置为115mm，宽度设置为37mm，高度设置为0，参数与命名如图2-1-47所示。

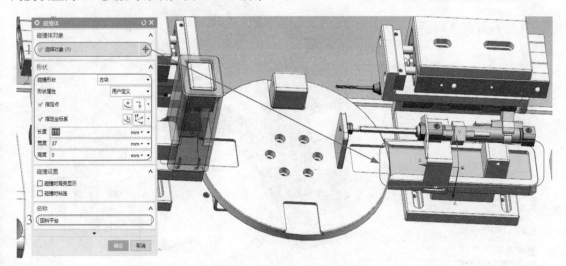

图 2-1-47　"回料平台"碰撞体

（43）打开"刚体"对话框，创建"回料气缸"刚体，选择对象为黄色高亮部分，参数与命名如图2-1-48所示。

（44）打开"碰撞体"对话框，创建"回料气缸_碰撞体"碰撞体，选择对象为黄色高亮部分，碰撞形状选择为"方块"，参数与命名如图2-1-49所示。

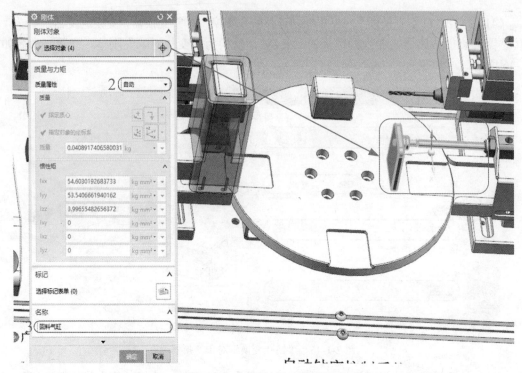

图 2-1-48　"回料气缸"刚体

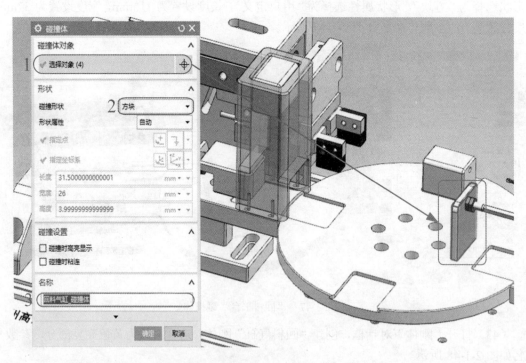

图 2-1-49　"回料气缸_碰撞体"碰撞体

基本机电对象列表如图 2-1-50 所示。

基本机电对象

变换对象	刚体
变换对象_碰撞体	碰撞体
盖板	刚体
回料平台	碰撞体
回料气缸	刚体
回料气缸_碰撞体	碰撞体
急停按钮1	刚体
急停按钮2	刚体
夹具气缸	刚体
夹具右	刚体
夹具右_碰撞体	碰撞体
夹具左	刚体
夹具左_碰撞体	碰撞体
空气开关	刚体
推料平台	碰撞体
推料气缸	刚体
推料气缸_碰撞体	碰撞体
物料	刚体
物料_碰撞体	碰撞体
物料口内壁1	碰撞体
物料口内壁2	碰撞体
物料口内壁3	碰撞体
物料口内壁4	碰撞体
物料源	对象源
物料源收集	对象收集器
转盘	刚体
承料台	碰撞体
检测针	碰撞体
内边1	碰撞体
内边2	碰撞体
内边3	碰撞体
内边4	碰撞体
内边5	碰撞体
内边6	碰撞体
内边7	碰撞体
内边8	碰撞体
内边9	碰撞体
钻孔变换	对象变换器
钻台气缸	刚体
钻头	刚体

图 2-1-50　基本机电对象列表

任务 1.2　自动钻床控制系统的运动副、执行器及信号适配设置

【相关知识】

任务 1.2　自动钻床
控制系统运动副执行
器及信号适配设置

1. 齿轮

齿轮的概念：两个相啮合的齿轮组成的基本机构。

定义齿轮：单击停靠功能区"主页"下"机械"组中的"更多"按钮，在下拉列表中选择"齿轮"图标 （图 2-1-51），弹出"齿轮"对话框（图 2-1-52），定义齿轮参数（表 2-1-2）。

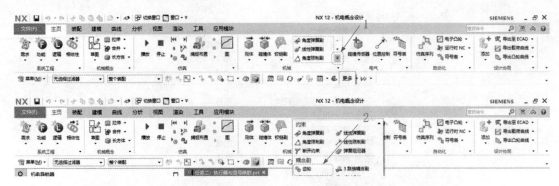

图 2-1-51　齿轮入口位置

图 2-1-52　"齿轮"对话框

表 2-1-2　定义齿轮参数

序号	参数	描述
1	选择主对象	选择一个轴运动副
2	选择从对象	选择一个轴运动副（从对象选择的运动副类型必须和主对象一致）
3	约束	定义齿轮传动比：主倍数/从倍数
4	滑动	齿轮副允许轻微的滑动，比如带传动
5	名称	定义齿轮的名称

注　在机电一体化设计器中，齿轮副允许主对象和从对象同时选择铰链副、同时选择滑动副、同时选择柱面副。

2. 弹簧阻尼器

弹簧阻尼器的概念：在轴运动副中施加力或扭矩，创建的一个柔性单元。

定义弹簧阻尼器：单击停靠功能区"主页"下"机械"组中的"更多"按钮，在下拉列表中选择"弹簧阻尼器"图标（图 2-1-53），弹出"弹簧阻尼器"对话框（图 2-1-54），定义弹簧阻尼器参数（表 2-1-3）。

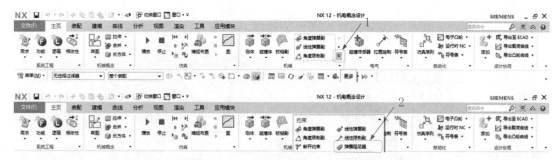

图 2-1-53 弹簧阻尼器入口位置

图 2-1-54 "弹簧阻尼器"对话框

表 2-1-3 定义弹簧阻尼器参数

序号	参数	描述
1	选择轴运动副	选择一个轴运动副
2	参数	弹簧常数：设置弹簧的刚度 阻尼：设置阻尼系数 松弛位置：设置不施加弹簧力的位置
3	名称	定义弹簧阻尼器的名称

【任务示范】

示范 16：自动钻床控制系统的运动副、执行器及信号适配设置

步骤 1：打开文件"任务 1.2 自动钻床控制系统的运动副、执行器及信号适配设置.prt"，进入 MCD 环境，如图 2-1-55 所示。

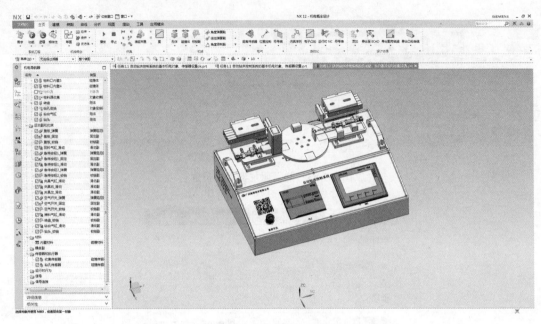

图 2-1-55　MCD 环境

步骤 2：运动副和约束设置。

（1）打开"铰链副"对话框，创建"盖板_铰链"铰链副，连接件为"盖板"刚体，轴矢量为坐标系 X 轴正方向，锚点选择为圆孔的圆心，上限设置为 115，下限设置为 0，参数与命名如图 2-1-56 所示。

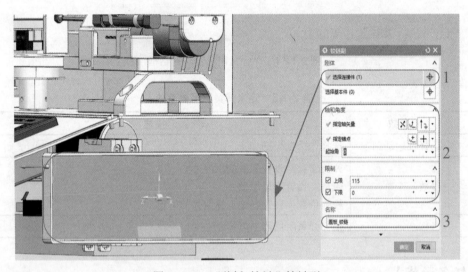

图 2-1-56　"盖板_铰链"铰链副

（2）打开"弹簧阻尼器"对话框，创建"盖板_弹簧"弹簧阻尼器，轴运动副选择为"盖板_铰链"铰链副，弹簧常数设置为 0，阻尼设置为 0.1，松弛位置设置为 0，参数与命名如图 2-1-57 所示。

（3）打开"固定副"对话框，创建"盖板_固定"固定副，连接件为"盖板"刚体，参数与命名如图 2-1-58 所示。

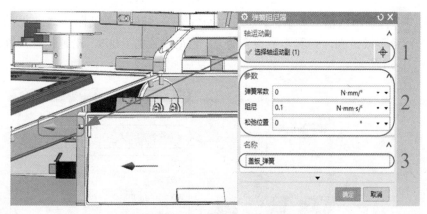

图 2-1-57　"盖板_弹簧"弹簧阻尼器

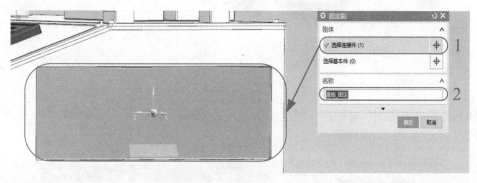

图 2-1-58　"盖板_固定"固定副

（4）打开"铰链副"对话框，创建"空气开关_铰链"铰链副，连接件为"空气开关"刚体，轴矢量为坐标系 X 轴正方向，锚点选择为空气开关的圆心，起始角设置为1，上限设置为85.5，下限设置为1，参数与命名如图 2-1-59 所示。

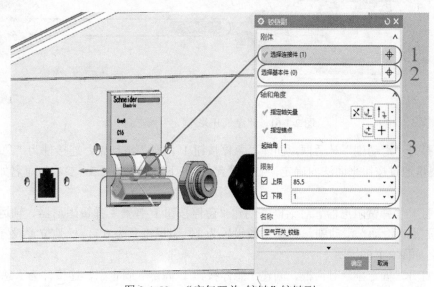

图 2-1-59　"空气开关_铰链"铰链副

（5）打开"弹簧阻尼器"对话框，创建"空气开关_弹簧"弹簧阻尼器，轴运动副选择为"空气开关_铰链"铰链副，弹簧常数设置为 0，阻尼设置为 0.008，松弛位置设置为 0，参数与命名如图 2-1-60 所示。

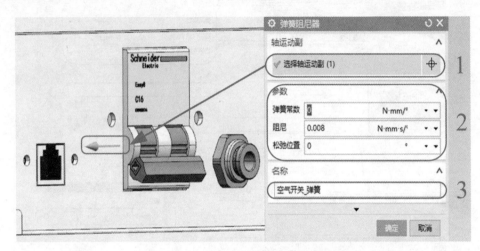

图 2-1-60　"空气开关_弹簧"弹簧阻尼器

（6）打开"固定副"对话框，创建"空气开关_固定"固定副，连接件为"空气开关"刚体，参数与命名如图 2-1-61 所示。

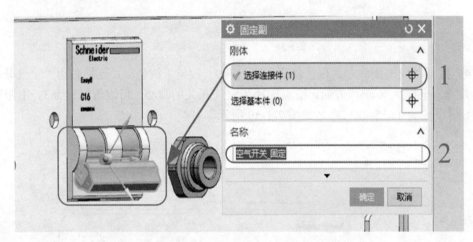

图 2-1-61　"空气开关_固定"固定副

（7）打开"滑动副"对话框，创建"急停按钮 1_滑动"滑动副，连接件为"急停按钮 1"刚体，轴矢量通过按钮平面法向确定，上限设置为 0，下限设置为-2.5，参数与命名如图 2-1-62 所示。

（8）打开"弹簧阻尼器"对话框，创建"急停按钮 1_弹簧"弹簧阻尼器，轴运动副选择为"急停按钮 1_滑动"滑动副，弹簧常数设置为 1，阻尼设置为 0.1，松弛位置设置为 0.92，参数与命名如图 2-1-63 所示。

（9）打开"固定副"对话框，创建"急停按钮 1_固定"固定副，连接件为"急停按钮 1"刚体，参数与命名如图 2-1-64 所示。

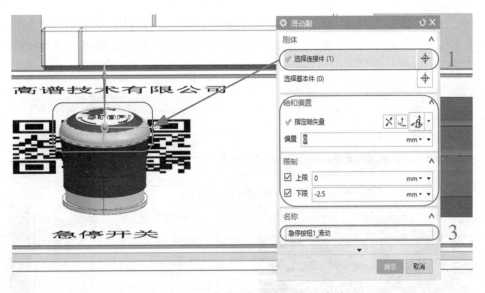

图 2-1-62　"急停按钮 1_滑动"滑动副

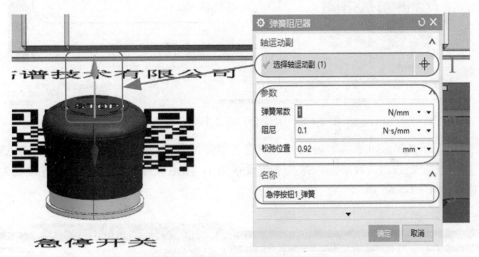

图 2-1-63　"急停按钮 1_弹簧"弹簧阻尼器

图 2-1-64　"急停按钮 1_固定"固定副

（10）打开"铰链副"对话框，创建"急停按钮2_铰链"铰链副，连接件为"急停按钮2"刚体，基本件为"急停按钮1"刚体，轴矢量通过按钮平面法向确定，锚点选择为按钮的圆心，下限设置为0，参数与命名如图2-1-65所示。

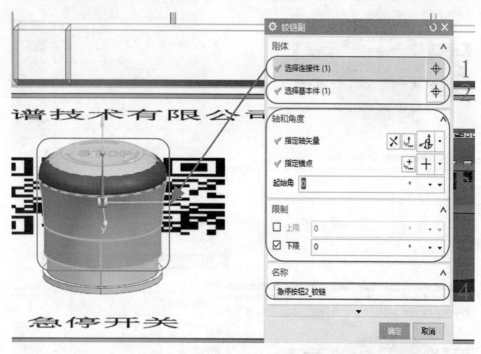

图2-1-65　"急停按钮2_铰链"铰链副

（11）打开"弹簧阻尼器"对话框，创建"急停按钮 2_弹簧"弹簧阻尼器，轴运动副选择为"急停按钮2_铰链"铰链副，弹簧常数设置为1，阻尼设置为0.1，松弛位置设置为0.92，参数与命名如图2-1-66所示。

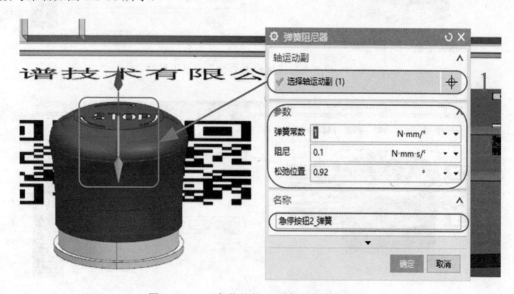

图2-1-66　"急停按钮2_弹簧"弹簧阻尼器

（12）打开"铰链副"对话框，创建"转盘_铰链"铰链副，连接件为"转盘"刚体，轴矢量为坐标系 Z 轴正方向，锚点选择为转盘的圆心，参数与命名如图 2-1-67 所示。

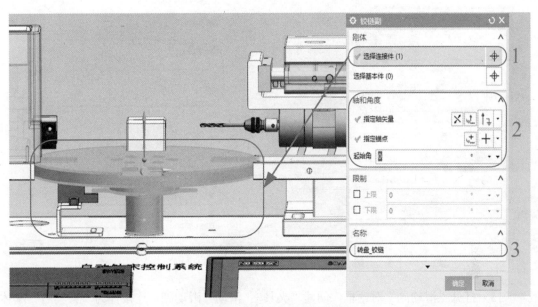

图 2-1-67　"转盘_铰链"铰链副

（13）打开"滑动副"对话框，创建"推料气缸_滑动"滑动副，连接件为"推料气缸"刚体，轴矢量为坐标系 Y 轴正方向，参数与命名如图 2-1-68 所示。

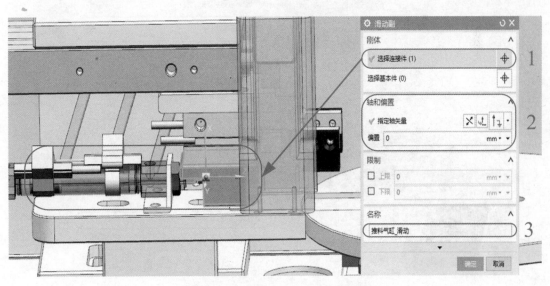

图 2-1-68　"推料气缸_滑动"滑动副

（14）打开"滑动副"对话框，创建"夹具气缸_滑动"滑动副，连接件为"夹具气缸"刚体，轴矢量为坐标系 Y 轴正方向，参数与命名如图 2-1-69 所示。

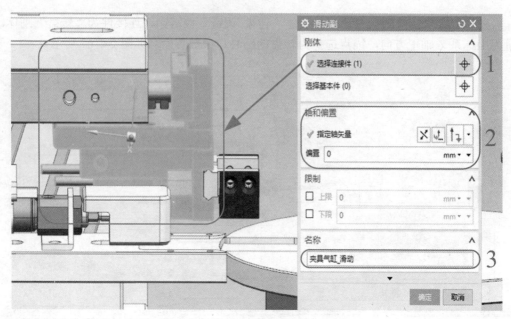

图 2-1-69　"夹具气缸_滑动"滑动副

（15）打开"滑动副"对话框，创建"夹具右_滑动"滑动副，连接件为"夹具右"刚体，基本件为"夹具气缸"刚体，轴矢量为坐标系 X 轴正方向，参数与命名如图 2-1-70 所示。

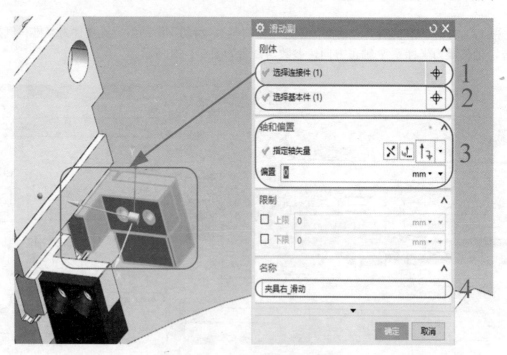

图 2-1-70　"夹具右_滑动"滑动副

（16）打开"滑动副"对话框，创建"夹具左_滑动"滑动副，连接件为"夹具左"刚体，基本件为"夹具气缸"刚体，轴矢量为坐标系 X 轴负方向，参数与命名如图 2-1-71 所示。

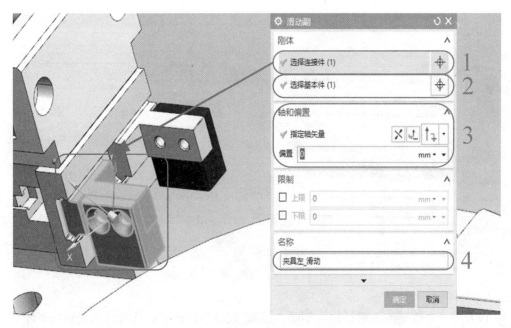

图 2-1-71　"夹具左_滑动"滑动副

　　（17）打开"齿轮"对话框，创建"夹具闭合"齿轮，主对象为"夹具左_滑动"滑动副，从对象为"夹具右_滑动"滑动副，主倍数和从倍数均为 1，勾选"滑动"复选项，参数与命名如图 2-1-72 所示。

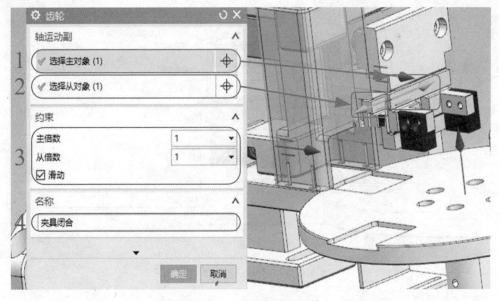

图 2-1-72　"夹具闭合"齿轮

　　（18）打开"滑动副"对话框，创建"钻台气缸_滑动"滑动副，连接件为"钻台气缸"刚体，轴矢量为坐标系 Y 轴正方向，参数与命名如图 2-1-73 所示。

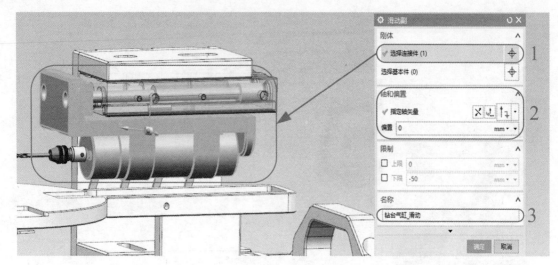

图 2-1-73 "钻台气缸_滑动"滑动副

（19）打开"铰链副"对话框，创建"钻头_铰链"铰链副，连接件为"钻头"刚体，轴矢量为坐标系 Y 轴正方向，锚点选择为钻头的圆心，参数与命名如图 2-1-74 所示。

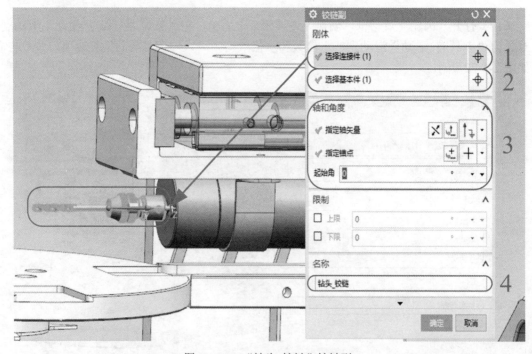

图 2-1-74 "钻头_铰链"铰链副

（20）打开"滑动副"对话框，创建"回料气缸_滑动"滑动副，连接件为"回料气缸"刚体，轴矢量为坐标系 Y 轴正方向，参数与命名如图 2-1-75 所示。

运动副和约束列表如图 2-1-76 所示。

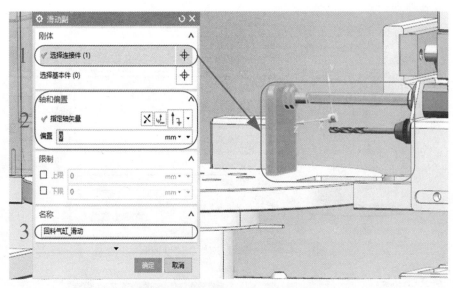

图 2-1-75　"回料气缸_滑动"滑动副

运动副和约束	
盖板_弹簧	弹簧阻尼器
盖板_固定	固定副
盖板_铰链	铰链副
回料气缸_滑动	滑动副
急停按钮1_弹簧	弹簧阻尼器
急停按钮1_固定	固定副
急停按钮1_滑动	滑动副
急停按钮2_弹簧	弹簧阻尼器
急停按钮2_铰链	铰链副
夹具气缸_滑动	滑动副
夹具右_滑动	滑动副
夹具左_滑动	滑动副
空气开关_弹簧	弹簧阻尼器
空气开关_固定	固定副
空气开关_铰链	铰链副
推料气缸_滑动	滑动副
转盘_铰链	铰链副
钻台气缸_滑动	滑动副
钻头_铰链	铰链副

图 2-1-76　运动副和约束列表

步骤 3：执行器设置。

（1）打开"速度控制"对话框，创建"转盘_速度"速度控制，选择对象为"转盘_铰链"铰链副，速度设置为 0，其他参数如图 2-1-77 所示。

（2）打开"位置控制"对话框，创建"推料气缸_位置"位置控制，选择对象为"推料气缸_滑动"滑动副，速度设置为 80mm/s，其他参数如图 2-1-78 所示。

（3）打开"位置控制"对话框，创建"夹具气缸_位置"位置控制，选择对象为"夹具气缸_滑动"滑动副，速度设置为 85mm/s，其他参数如图 2-1-79 所示。

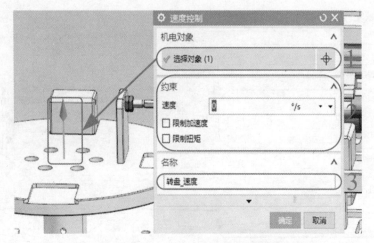

图 2-1-77　"转盘_速度"速度控制

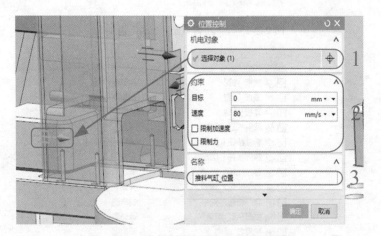

图 2-1-78　"推料气缸_位置"位置控制

图 2-1-79　"夹具气缸_位置"位置控制

（4）打开"位置控制"对话框，创建"夹具_位置"位置控制，选择对象为"夹具左_滑动"滑动副，速度设置为 100mm/s，勾选"限制力"复选项，正向力为 3N，反向力为 1N，其他参数如图 2-1-80 所示。

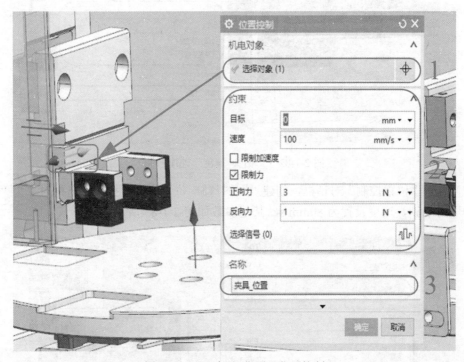

图 2-1-80　"夹具_位置"位置控制

（5）打开"位置控制"对话框，创建"钻台气缸_位置"位置控制，选择对象为"钻台气缸_滑动"滑动副，速度设置为 80mm/s，其他参数如图 2-1-81 所示。

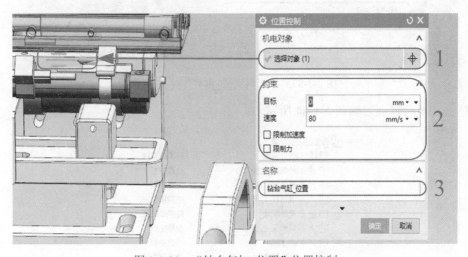

图 2-1-81　"钻台气缸_位置"位置控制

（6）打开"速度控制"对话框，创建"钻头_速度"速度控制，选择对象为"钻头_铰链"铰链副，速度设置为 0，其他参数如图 2-1-82 所示。

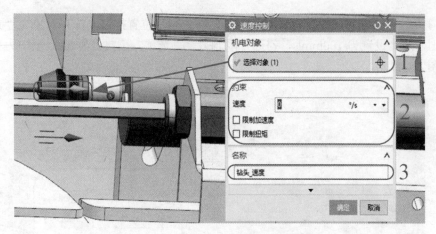

图 2-1-82   "钻头_速度"速度控制

（7）打开"位置控制"对话框，创建"回料气缸_位置"位置控制，选择对象为"回料气缸_滑动"滑动副，速度设置为 80mm/s，其他参数如图 2-1-83 所示。

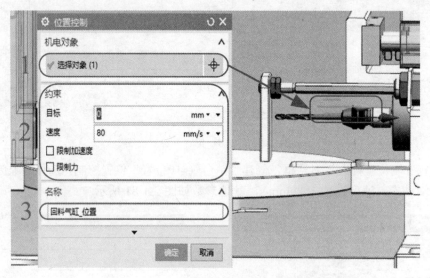

图 2-1-83   "回料气缸_位置"位置控制

传感器和执行器列表如图 2-1-84 所示。

传感器和执行器	
到位传感器	距离传感器
回料气缸_位置	位置控制
夹具_位置	位置控制
夹具气缸_位置	位置控制
收集传感器	碰撞传感器
推料气缸_位置	位置控制
转盘_速度	速度控制
钻孔传感器	碰撞传感器
钻台气缸_位置	位置控制
钻头_速度	速度控制

图 2-1-84   传感器和执行器列表

步骤 4：信号适配器设置。

打开"信号适配器"对话框，命名为"信号适配器"，进行参数、信号和公式的设置，如图 2-1-85～图 2-1-87 所示。

图 2-1-85　信号适配器—参数部分

图 2-1-86　信号适配器—信号部分

图 2-1-87　信号适配器—公式部分

步骤 5：仿真序列设置。

打开"仿真序列"对话框，创建"触发源"仿真序列，机电对象选择为"物料源"，开始时间为 0.2s，持续时间为 0，条件对象选择为"到位传感器"，其他参数如图 2-1-88 所示。

图 2-1-88　"触发源"仿真序列

任务 1.3　基于 OPC DA 通信自动钻床控制系统虚拟调试

任务 1.3　OPC DA 通信
钻床控制系统虚拟调试

【相关知识】

1. 扫描操作数的信号上升沿

使用"扫描操作数的信号上升沿"指令（图 2-1-89）可以确定所指定操作数（<操作数 1>）的信号状态是否从"0"变为"1"。该指令将比较 <操作数 1> 的当前信号状态与上一次扫描的信号状态，上一次扫描的信号状态保存在边沿存储位（<操作数 2>）中。如果该指令检测到逻辑运算结果（RLO）从"0"变为"1"，则说明出现了一个上升沿。

每次执行指令时都会查询信号上升沿。检测到信号上升沿时，<操作数 1> 的信号状态将在一个程序周期内保持置位为"1"。在其他任何情况下，操作数的信号状态均为"0"。

在该指令上方的操作数占位符中指定要查询的操作数（<操作数 1>），在该指令下方的操作数占位符中指定边沿存储位（<操作数 2>）。"扫描操作数的信号上升沿"指令参数见表 2-1-4。

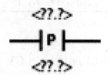

图 2-1-89　"扫描操作数的信号上升沿"指令

表 2-1-4　"扫描操作数的信号上升沿"指令参数

参数	声明	数据类型	存储区	说明
<操作数 1>	Input	BOOL	I、Q、M、D、L、T、C 或常量	要扫描的信号
<操作数 2>	InOut	BOOL	I、Q、M、D、L	保存上一次查询的信号状态的边沿存储位

2. 接通延时

概念：可以使用"生成接通延时"指令（图 2-1-90）将 Q 输出的设置延时设定为时间 PT。当输入 IN 的逻辑运算结果（RLO）从"0"变为"1"（信号上升沿）时启动该指令。指令启动时，预设的时间 PT 即开始计时。超出时间 PT 之后，输出 Q 的信号状态将变为"1"。只要启动输入仍为"1"，输出 Q 就保持置位。启动输入的信号状态从"1"变为"0"时将复位输出 Q。在启动输入检测到新的信号上升沿时，该定时器功能将再次启动。

可以在 ET 输出查询当前的时间值。该定时器值从 T#0s 开始，在达到持续时间值 PT 后结束。只要输入 IN 的信号状态变为"0"，输出 ET 就复位。

"接通延时"指令参数见表 2-1-5。

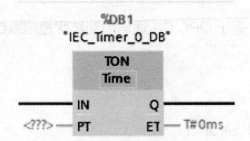

图 2-1-90　"生成接通延时"指令

表 2-1-5　"接通延时"指令参数

参数	声明	数据类型	存储区	说明
IN	Input	BOOL	I、Q、M、D、L、P 或常量	启动输入
PT	Input	TIME、LTIME	I、Q、M、D、L、P 或常量	接通延时的持续时间 PT 参数的值必须为正数
Q	Output	BOOL	I、Q、M、D、L、P	超过时间 PT 后置位的输出
ET	Output	TIME、LTIME	I、Q、M、D、L、P	当前时间值

3. 加计数

可以使用"加计数"指令（图 2-1-91）递增输出 CV 的值。如果输入 CU 的信号状态从"0"变为"1"（信号上升沿），则执行该指令，同时输出 CV 的当前计数器值加 1。每检测到一个信号上升沿，计数器值就会递增，直到达到输出 CV 中所指定数据类型的上限。达到上限时，输入 CU 的信号状态将不再影响该指令。

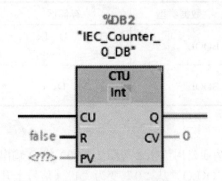

图 2-1-91　"加计数"指令

可以查询 Q 输出中的计数器状态。输出 Q 的信号状态由参数 PV 决定。如果当前计数器值大于或等于参数 PV 的值，则将输出 Q 的信号状态置位为"1"。在其他任何情况下，输出 Q 的信号状态均为"0"。

输入 R 的信号状态变为"1"时，输出 CV 的值被复位为"0"。只要输入 R 的信号状态仍为"1"，输入 CU 的信号状态就不会影响该指令。

"加计数"指令参数见表 2-1-6。

表 2-1-6 "加计数"指令参数

参数	声明	数据类型	存储区	说明
CU	Input	BOOL	I、Q、M、D、L 或常数	计数输入
R	Input	BOOL	I、Q、M、T、C、D、L、P 或常数	复位输入
PV	Input	整数	I、Q、M、D、L、P 或常数	置位输出 Q 的值
Q	Output	BOOL	I、Q、M、D、L	计数器状态
CV	Output	整数、CHAR、WCHAR、DATE	I、Q、M、D、L、P	当前计数器值

【任务示范】

示范 17:基于 OPC DA 通信自动钻床控制系统虚拟调试

步骤 1:打开博途软件,新建 S7-1212 PLC 程序,创建变量表如图 2-1-92 所示。

图 2-1-92 PLC 变量

步骤 2:启动允许远程,进入"设备和网络"单击 1212 PLC,勾选"防护与安全"内的"允许来自远程对象的 PUT/GET 通信访问"复选项,如图 2-1-93 所示。

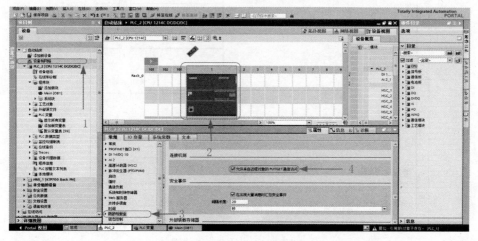

图 2-1-93 启动允许远程

步骤 3：编写 PLC 程序，如图 2-1-94～图 2-1-99 所示。

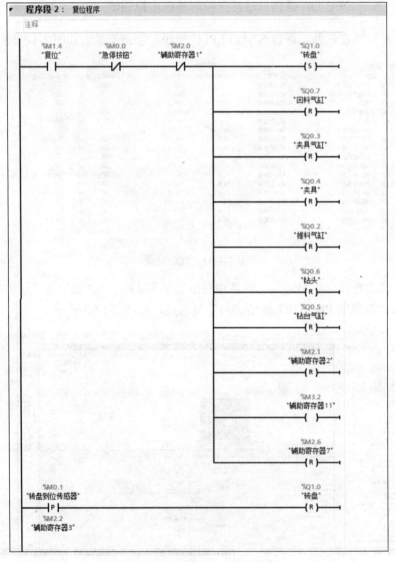

图 2-1-94　程序段 1：启动条件

图 2-1-95　程序段 2：复位程序

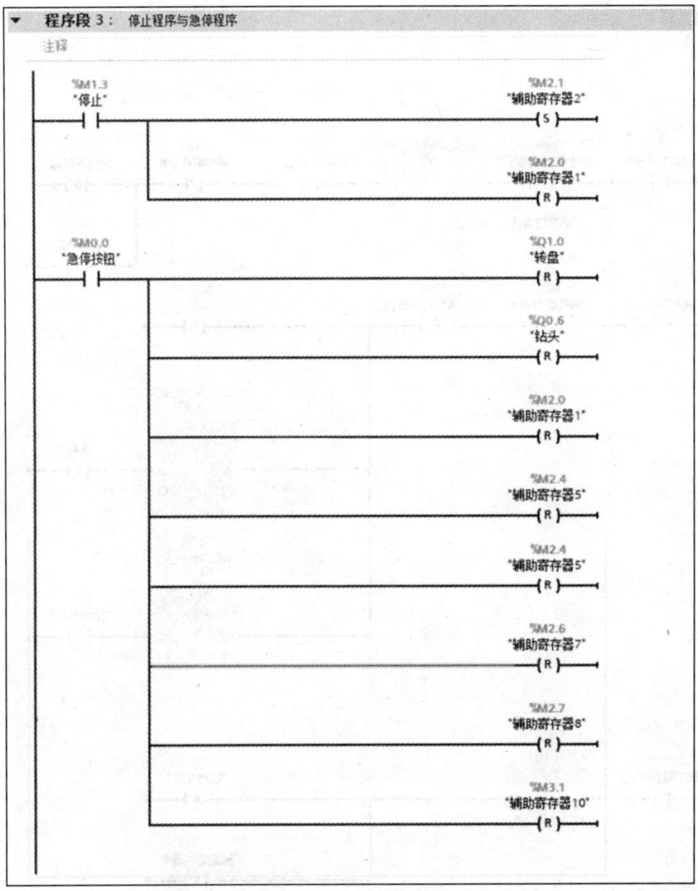

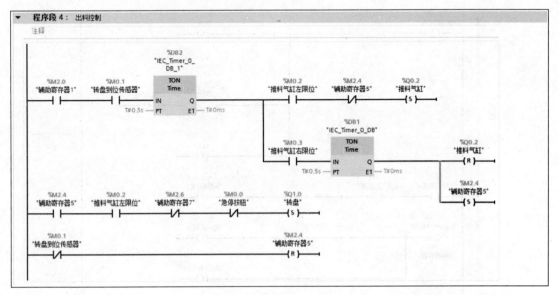

图 2-1-96　程序段 3：停止程序与急停程序

图 2-1-97　程序段 4：出料控制

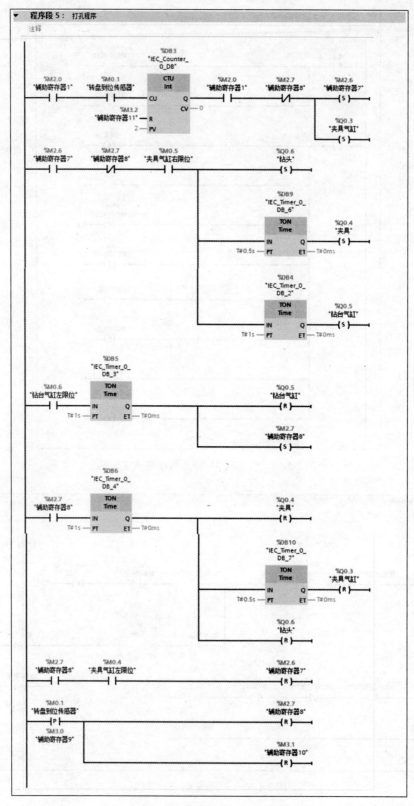

图 2-1-98　程序段 5：打孔程序

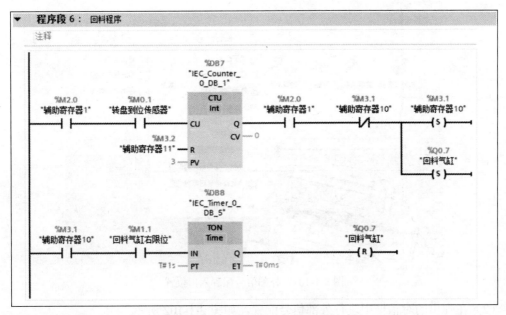

图 2-1-99　程序段 6：回料程序

步骤 4：创建 OPC DA 信号如图 2-1-100 所示，具体配置参照第一部分的任务 5。

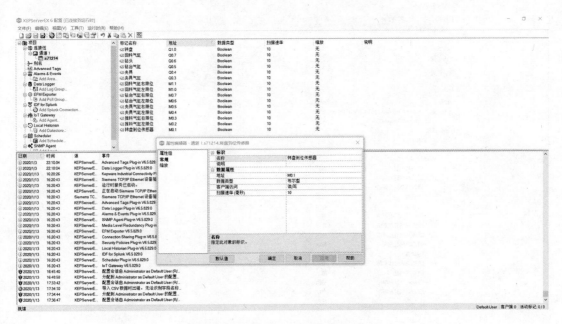

图 2-1-100　创建 KEPServerEX 6 信号

步骤 5：配置信号。

（1）打开文件"任务 1.3 基于 OPC DA 通信自动钻床控制系统虚拟调试.prt"，进入 MCD 环境，单击停靠功能区"主页"下"自动化"组中的"外部信号配置"下拉按钮，在下拉列表中选择"外部信号配置"图标，如图 2-1-101 所示。

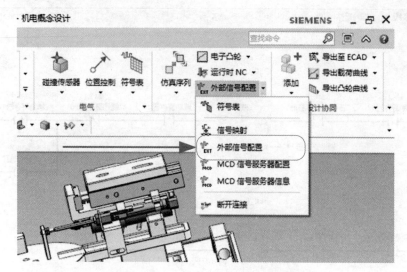

图 2-1-101　外部信号配置入口位置

（2）在弹出的对话框中进行外部信号配置，如图 2-1-102 所示。

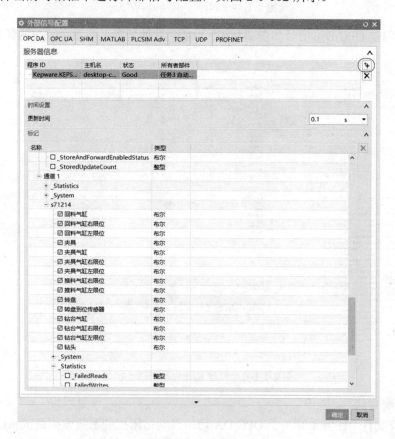

图 2-1-102　OPC DA 信号

（3）单击停靠功能区"主页"下"自动化"组中的"外部信号配置"下拉按钮，在下拉列表中选择"信号映射"图标，如图 2-1-103 所示。

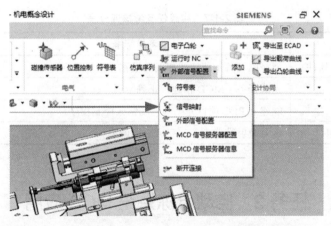

图 2-1-103　信号映射入口位置

（4）在弹出的对话框中进行信号映射，如图 2-1-104 所示。

图 2-1-104　信号映射

【实践训练】

完成任务 1 的训练任务。

考核评分

实践任务考核评分表见表 2-1-7。

表 2-1-7　实践任务考核评分表

评分项目	考核标准	权重	得分
配置 KEPServerEX 6 软件	能按照任务示范完成相关的设置	10%	
创建 MCD 项目	完成任务 1 MCD 搭建，正确合理	40%	
创建 PLC 项目	能建立 PLC 项目并编写自动钻床控制程序	30%	
MCD 与 PLC 信号映射	信号映射准确无误，完成虚拟调试	20%	

"任务 2　自动分拣系统
MCD 应用" 任务分析

任务 2　自动分拣系统 MCD 应用

【任务描述】

通过第一部分任务 7 的学习，读者已经对 MCD 机电概念设计与 Adv.通信虚拟调试有了一定的基础。为了进一步巩固前面所学，本任务对给出的自动分拣系统进行机电概念的设计，通过 S7-PLCSIM Advanced 软件，运用外部信号配置的 PLCSIM Adv.内部接口，建立虚拟 PLC 与 MCD 输入输出信号，进行自动分拣系统控制调试。

任务流程如图 2-2-1 所示。

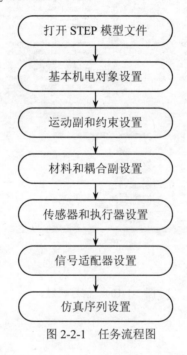

图 2-2-1　任务流程图

【任务分析】

本任务是基于一款 MCD 虚拟仿真综合应用平台——自动分拣系统建立的模型，其机械机构主要由机架、送料机构、输送分拣机构、搬运机构和接料机构 5 部分组成，结构和控制较为复杂，逻辑性强。要完成本虚拟调试任务，读者需要具备良好的西门子 PLC 编程能力和 MCD 平台应用能力。

要完成本任务的学习，读者务必准备下列软件和硬件：

已安装博途 V15.1、S7-PLCSIM Advanced V2.0 SP1、NX 12.0 软件（建议 NX 12.0.2.9 版本）的工程师计算机。

【任务目标】

1. 熟悉自动分拣系统机械模型的基本机电对象、运动副和约束、材料、传感器和执行器、信号适配器、仿真序列的参数设置。

2. 掌握 S7-PLCSIM Advanced V2.0 在自动分拣系统中的应用。

3. 能读懂和编写自动分拣系统的 PLC 程序，利用 S7-PLCSIM Advanced V2.0 完成自动分拣系统的虚拟仿真。

任务 2.1　自动分拣系统的基本机电对象、传感器设置

【任务示范】

示范 18：自动分拣系统的基本机电对象、传感器设置

任务 2.1　自动分拣系统
基本机电对象传感器设置

步骤 1：打开 STEP 模型文件或直接打开文件"任务 2.1 自动分拣系统的基本机电对象、传感器设置.prt"。

（1）打开 NX 12.0 软件，单击"文件"→"打开"命令，找到 STEP 文件所在的位置，在文件类型中选择"所有文件(*.*)"，选中 STEP 文件，单击 OK 按钮，如图 2-2-2 所示。

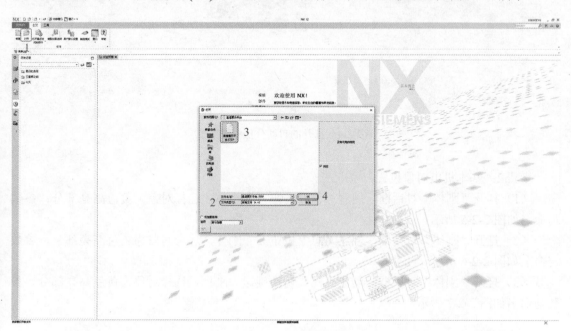

图 2-2-2　打开 STEP 文件

（2）打开后默认进入建模模块，单击上方的"应用模块"菜单项，再单击"更多"按钮，选择"机电概念设计"选项，如图 2-2-3 所示，进入机电概念设计模块，如图 2-2-4 所示。

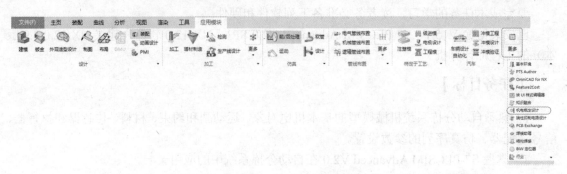

图 2-2-3　选择"机电概念设计"模块

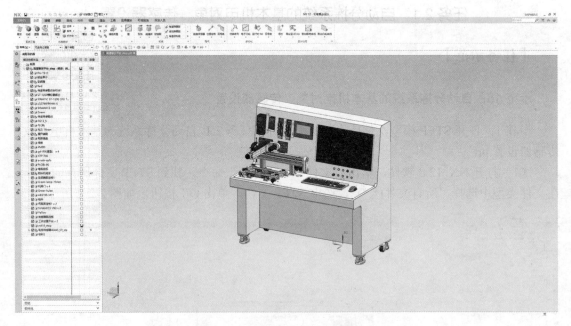

图 2-2-4　打开的自动分拣系统模型

步骤 2：基本机电对象设置。

（1）打开"刚体"对话框，创建"急停按钮 1"刚体，选择对象为黄色高亮部分，参数与命名如图 2-2-5 所示。

（2）打开"刚体"对话框，创建"急停按钮 2"刚体，选择对象为黄色高亮部分，参数与命名如图 2-2-6 所示。

（3）打开"刚体"对话框，创建"模式切换旋钮"刚体，选择对象为黄色高亮部分，参数与命名如图 2-2-7 所示。

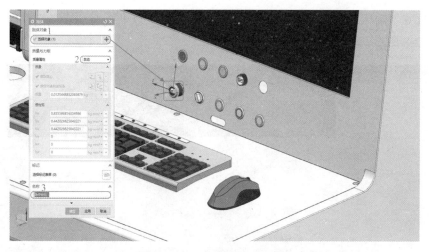

图 2-2-5　"急停按钮 1"刚体

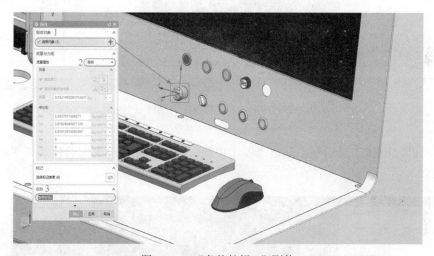

图 2-2-6　"急停按钮 2"刚体

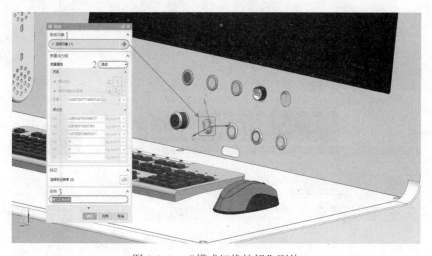

图 2-2-7　"模式切换按钮"刚体

（4）打开"刚体"对话框，创建"启动按钮"刚体，选择对象为黄色高亮部分，参数与命名如图 2-2-8 所示。

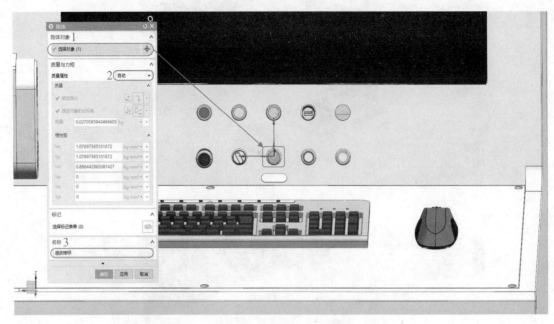

图 2-2-8 "启动按钮"刚体

（5）打开"刚体"对话框，创建"停止按钮"刚体，选择对象为黄色高亮部分，参数与命名如图 2-2-9 所示。

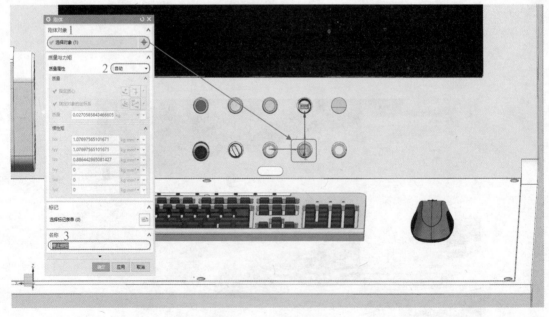

图 2-2-9 "停止按钮"刚体

（6）打开"刚体"对话框，创建"复位按钮"刚体，选择对象为黄色高亮部分，参数与命名如图 2-2-10 所示。

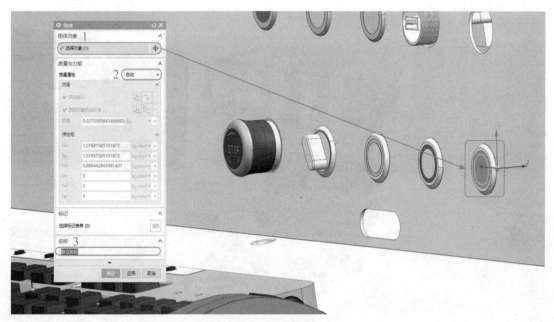

图 2-2-10　"复位按钮"刚体

（7）打开"刚体"对话框，创建"X 轴"刚体，选择对象为黄色高亮部分，参数与命名如图 2-2-11 所示。

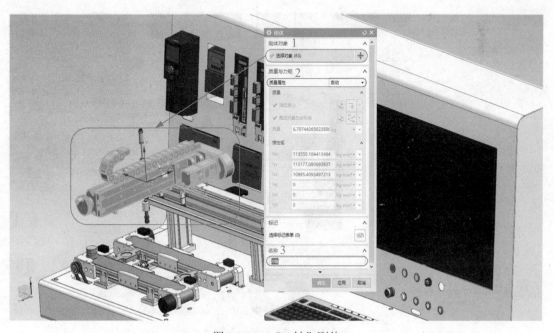

图 2-2-11　"X 轴"刚体

（8）打开"刚体"对话框，创建"Y轴"刚体，选择对象为黄色高亮部分，参数与命名如图 2-2-12 所示。

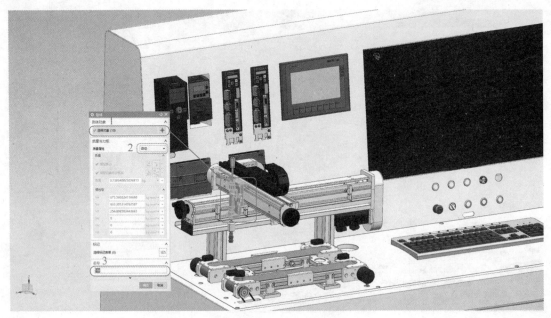

图 2-2-12　"Y轴"刚体

（9）打开"刚体"对话框，创建"Z轴气缸"刚体，选择对象为黄色高亮部分，参数与命名如图 2-2-13 所示。

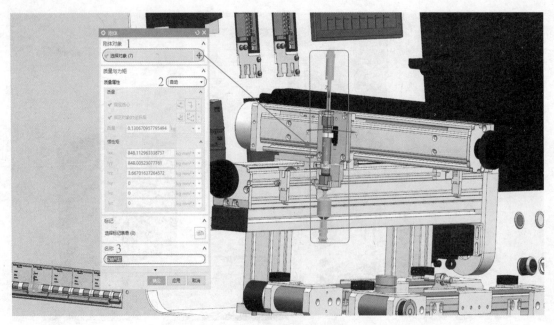

图 2-2-13　"Z轴气缸"刚体

（10）打开"刚体"对话框，创建"内齿轮 1"刚体，选择对象为黄色高亮部分，参数与命名如图 2-2-14 所示。

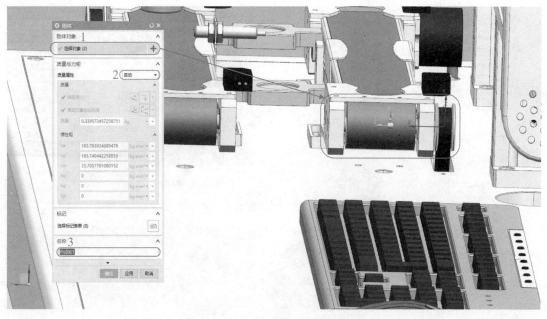

图 2-2-14　"内齿轮 1"刚体

（11）打开"刚体"对话框，创建"内齿轮 2"刚体，翻转到设备底面，选择对象为黄色高亮部分，参数与命名如图 2-2-15 所示。

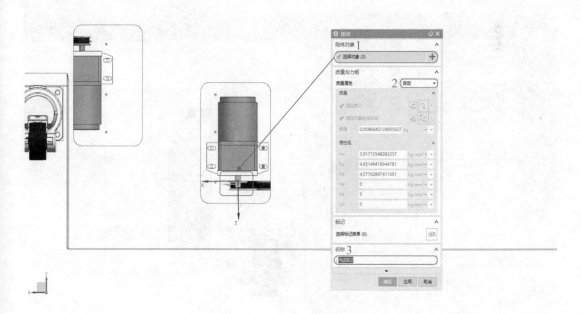

图 2-2-15　"内齿轮 2"刚体

（12）打开"刚体"对话框，创建"外齿轮1"刚体，选择对象为黄色高亮部分，参数与命名如图2-2-16所示。

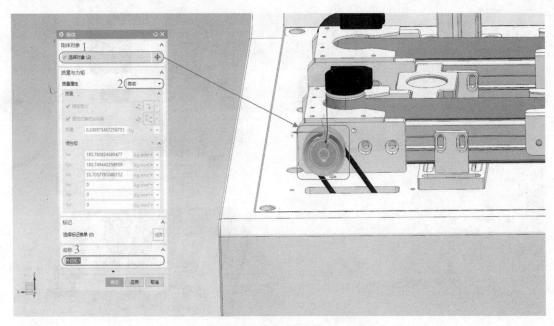

图 2-2-16　"外齿轮 1"刚体

（13）打开"刚体"对话框，创建"外齿轮2"刚体，翻转到设备底面，选择对象为黄色高亮部分，参数与命名如图2-2-17所示。

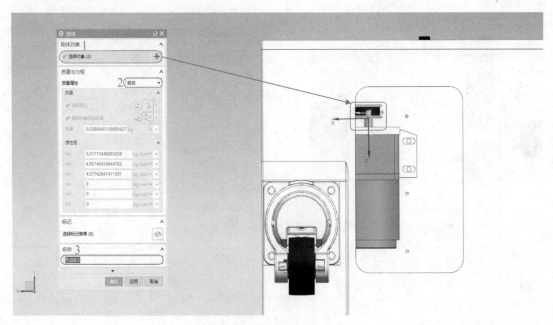

图 2-2-17　"外齿轮 2"刚体

（14）打开"碰撞体"对话框，创建"传送带 1"碰撞体，选择对象为黄色高亮部分，碰撞形状选择为"方块"，参数与命名如图 2-2-18 所示。

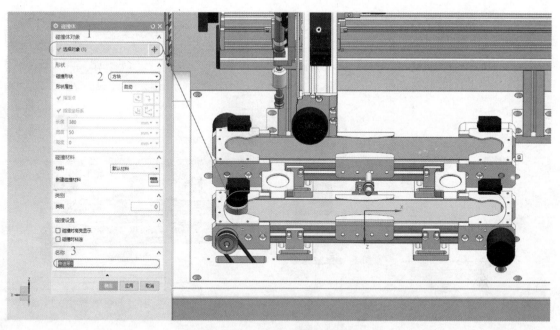

图 2-2-18　"传送带 1"碰撞体

（15）打开"碰撞材料"对话框，创建"光滑"碰撞材料，动摩擦、静摩擦、滚动摩擦均设置为 0，恢复设置为 0.01，参数如图 2-2-19 所示。

图 2-2-19　"光滑"碰撞材料

　　（16）打开"碰撞体"对话框，创建"传送带2"碰撞体，选择对象为黄色高亮部分，碰撞形状选择为"方块"，参数与命名如图2-2-20所示。

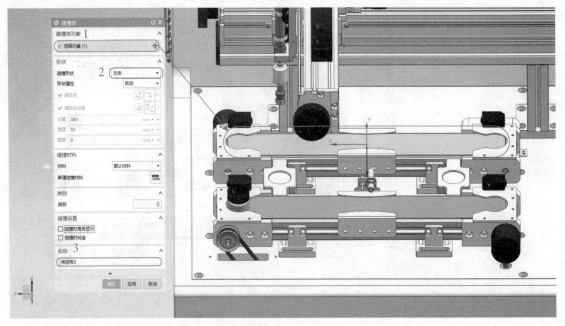

图2-2-20　"传送带2"碰撞体

　　（17）打开"碰撞体"对话框，创建"挡板1"碰撞体，选择对象为紫色高亮部分，碰撞形状为"网格面"，材料选择为"光滑"，类别为0，参数与命名如图2-2-21所示。

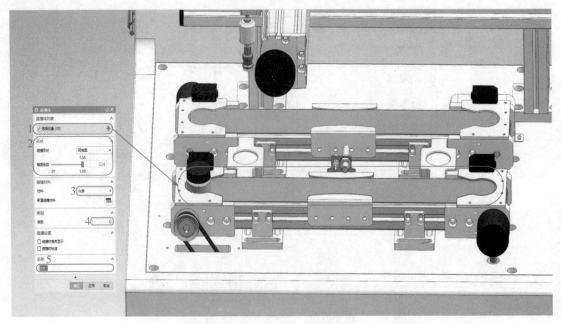

图2-2-21　"挡板1"碰撞体

（18）打开"碰撞体"对话框，创建"挡板2"碰撞体，选择对象为紫色高亮部分，碰撞形状为"网格面"，材料选择为"光滑"，类别为0，参数与命名如图2-2-22所示。

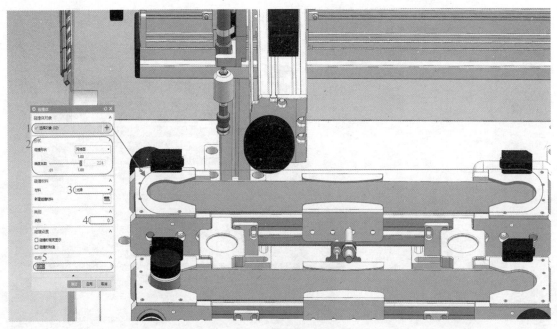

图2-2-22　"挡板2"碰撞体

（19）打开"刚体"对话框，创建"金属物料"刚体，选择对象为黄色高亮部分，参数与命名如图2-2-23所示。

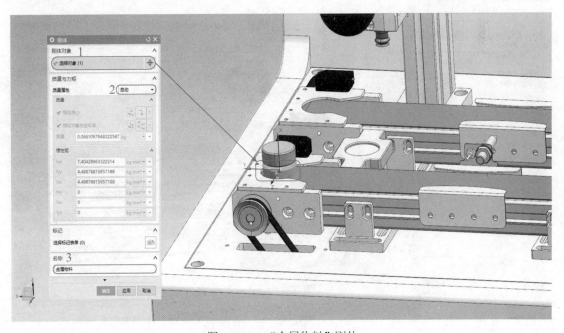

图2-2-23　"金属物料"刚体

（20）打开"碰撞体"对话框，创建"金属物料_碰撞体"碰撞体，选择对象为黄色高亮部分，碰撞形状选择为"圆柱"，类别为 7，参数与命名如图 2-2-24 所示。

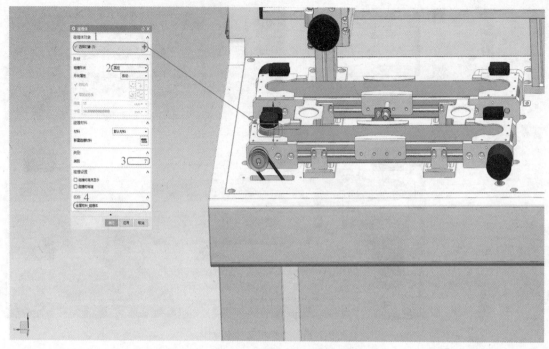

图 2-2-24　"金属物料_碰撞体"碰撞体

（21）打开"刚体"对话框，创建"黑色物料"刚体，选择对象为黄色高亮部分，参数与命名如图 2-2-25 所示。

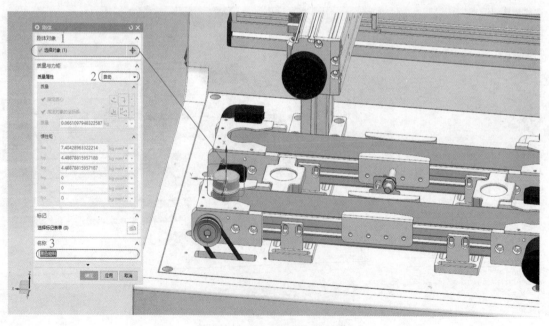

图 2-2-25　"黑色物料"刚体

（22）打开"碰撞体"对话框，创建"黑色物料_碰撞体"碰撞体，选择对象为黄色高亮部分，碰撞形状选择为"圆柱"，类别为 5，参数与命名如图 2-2-26 所示。

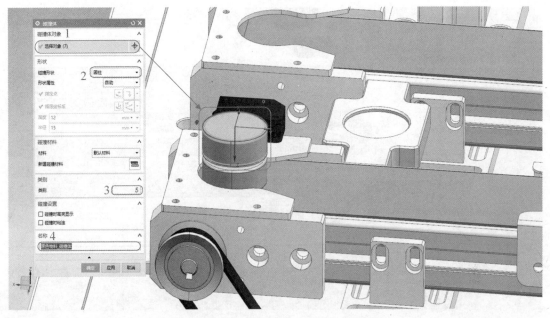

图 2-2-26　"黑色物料_碰撞体"碰撞体

（23）打开"对象源"对话框，创建"物料源黑色"对象源，选择对象为黄色高亮部分，参数与命名如图 2-2-27 所示。

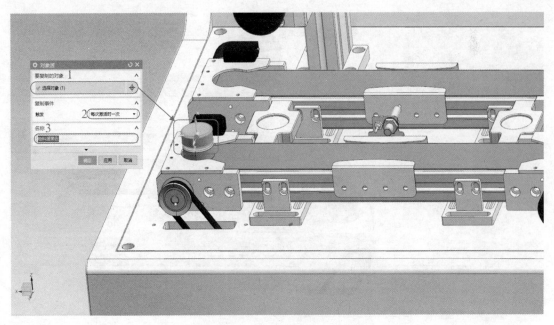

图 2-2-27　"物料源黑色"对象源

（24）打开"对象源"对话框，创建"物料源金属"对象源，选择对象为黄色高亮部分，参数与命名如图 2-2-28 所示。

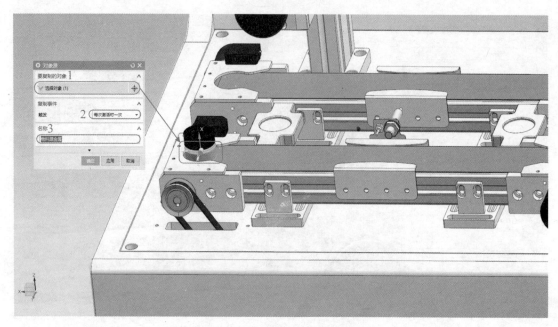

图 2-2-28　"物料源金属"对象源

（25）打开"碰撞体"对话框，创建"物料暂存台 1"碰撞体，选择对象为黄色高亮部分，碰撞形状选择为"圆柱"，类别为 0，参数与命名如图 2-2-29 所示。

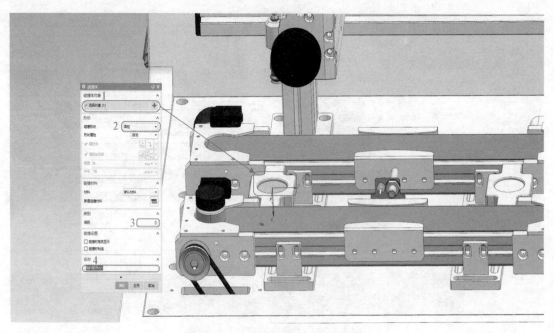

图 2-2-29　"物料暂存台 1"碰撞体

（26）打开"碰撞体"对话框，创建"物料暂存台 2"碰撞体，选择对象为黄色高亮部分，碰撞形状选择为"圆柱"，类别为 0，参数与命名如图 2-2-30 所示。

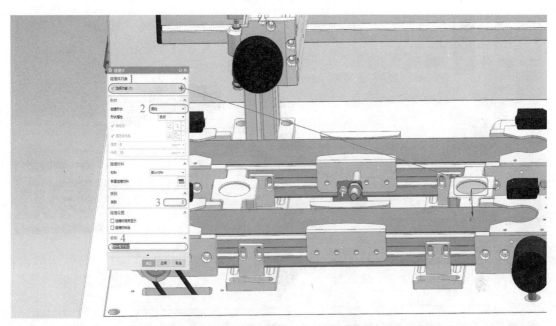

图 2-2-30　"物料暂存台 2"碰撞体

（27）打开"碰撞传感器"对话框，创建"收集 1 传感器"碰撞传感器，选择对象为黄色高亮部分，碰撞形状为"圆柱"，高度为 20mm，半径为 15mm，其他参数如图 2-2-31 所示。

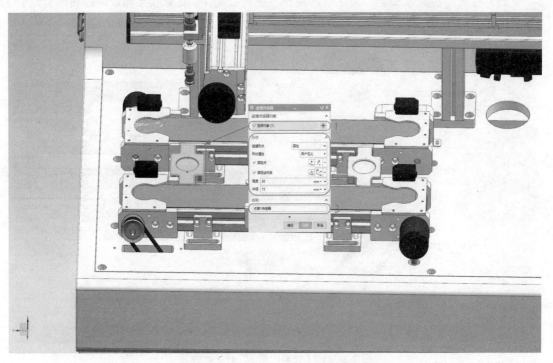

图 2-2-31　"收集 1 传感器"碰撞传感器

（28）打开"碰撞传感器"对话框，创建"收集 2 传感器"碰撞传感器，选择对象为黄色高亮部分，碰撞形状为"圆柱"，高度为 20mm，半径为 15mm，其他参数如图 2-2-32 所示。

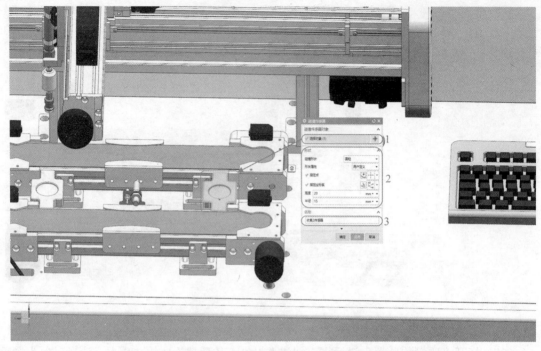

图 2-2-32　"收集 2 传感器"碰撞传感器

（29）打开"对象收集器"对话框，创建"物料收集 1"对象收集器，碰撞传感器选择为"收集 1 传感器"，参数与命名如图 2-2-33 所示。

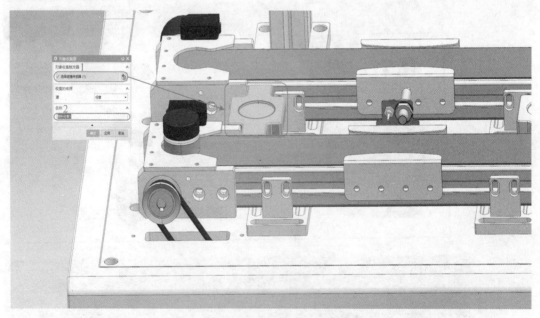

图 2-2-33　"物料收集 1"对象收集器

（30）打开"对象收集器"对话框，创建"物料收集 2"对象收集器，碰撞传感器选择为"收集 2 传感器"，参数与命名如图 2-2-34 所示。

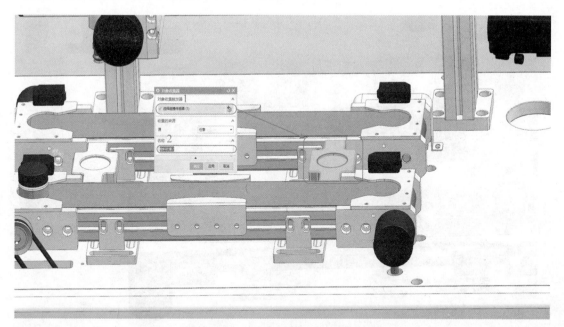

图 2-2-34　"物料收集 2"对象收集器

（31）打开"碰撞传感器"对话框，创建"金属传感器"碰撞传感器，选择对象为黄色高亮部分，碰撞形状为"圆柱"，高度为 18mm，半径为 8mm，类别为 7，其他参数如图 2-2-35 所示。

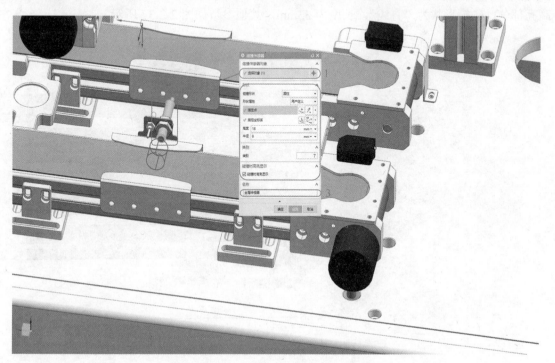

图 2-2-35　"金属传感器"碰撞传感器

（32）打开"碰撞传感器"对话框，创建"物料传感器"碰撞传感器，选择对象为黄色高亮部分，碰撞形状为"圆柱"，高度为 17mm，半径为 5mm，其他参数如图 2-2-36 所示。

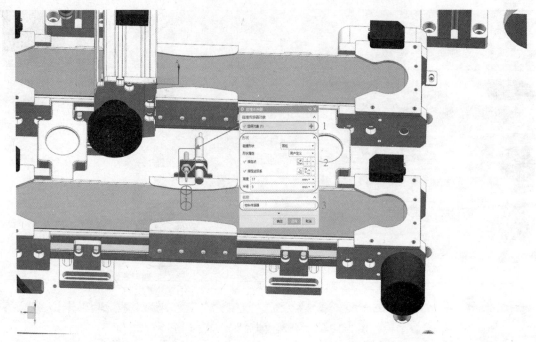

图 2-2-36　"物料传感器"碰撞传感器

（33）打开"碰撞传感器"对话框，创建"外有料传感器"碰撞传感器，选择对象为黄色高亮部分，碰撞形状为"直线"，长度为 33mm，其他参数如图 2-2-37 所示。

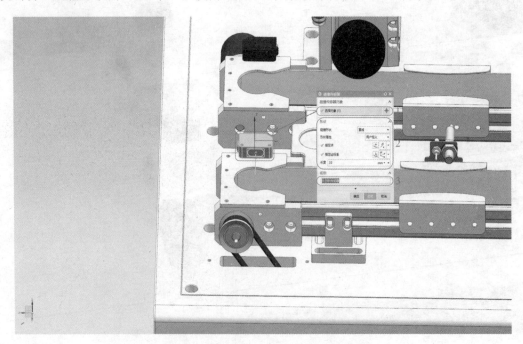

图 2-2-37　"外有料传感器"碰撞传感器

（34）打开"碰撞传感器"对话框，创建"外到料传感器"碰撞传感器，选择对象为黄色高亮部分，碰撞形状为"直线"，长度为 33mm，其他参数如图 2-2-38 所示。

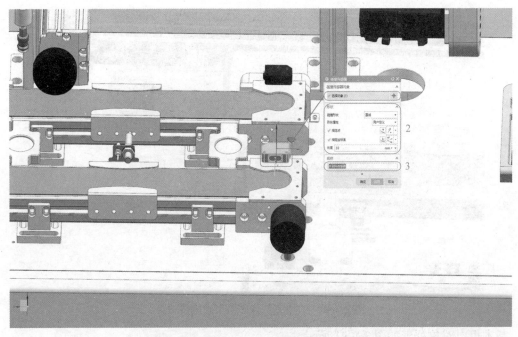

图 2-2-38　"外到料传感器"碰撞传感器

（35）打开"碰撞传感器"对话框，创建"内到料传感器"碰撞传感器，选择对象为黄色高亮部分，碰撞形状为"直线"，长度为 33mm，其他参数如图 2-2-39 所示。

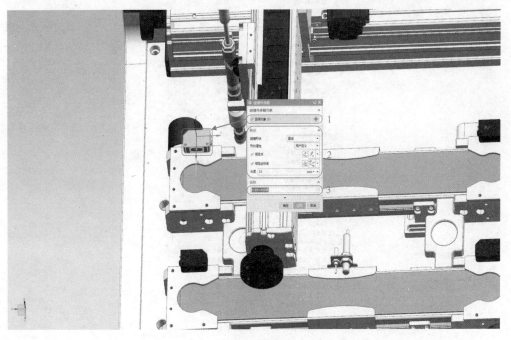

图 2-2-39　"内到料传感器"碰撞传感器

（36）打开"碰撞传感器"对话框，创建"内有料传感器"碰撞传感器，选择对象为黄色高亮部分，碰撞形状为"直线"，长度为33mm，其他参数如图2-2-40所示。

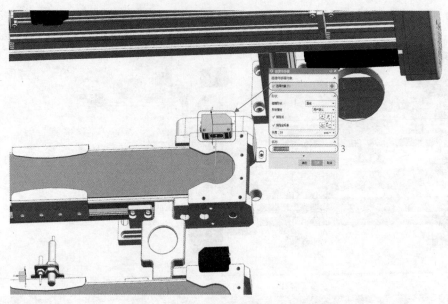

图2-2-40　"内有料传感器"碰撞传感器

基本机电对象列表如图2-2-41所示。

图2-2-41　基本机电对象列表

任务 2.2　自动分拣系统的运动副、执行器及信号适配设置

【任务示范】

任务 2.2　自动分拣系统运动副执行器及信号适配设置

示范 19：自动分拣系统的运动副、执行器及信号适配设置

步骤 1：运动副和约束设置。

（1）打开"滑动副"对话框，创建"急停按钮 1_滑动"滑动副，连接件为"急停按钮 1"刚体，轴矢量使用自动判断，选择按钮的表面确定轴矢量方向，上限设置为 0，下限设置为-5，其他参数如图 2-2-42 所示。

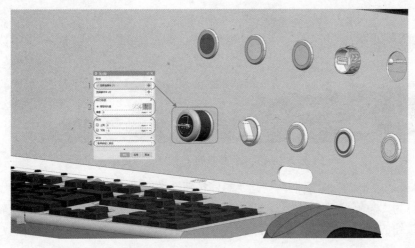

图 2-2-42　"急停按钮 1_滑动"滑动副

（2）打开"弹簧阻尼器"对话框，创建"急停按钮 1_弹簧"弹簧阻尼器，轴运动副为"急停按钮 1_滑动"滑动副，弹簧常数为 50，阻尼为 5，松弛位置为 10，其他参数如图 2-2-43 所示。

图 2-2-43　"急停按钮 1_弹簧"弹簧阻尼器

（3）打开"固定副"对话框，创建"急停按钮1_固定"固定副，连接件为"急停按钮1"刚体，其他参数如图 2-2-44 所示。

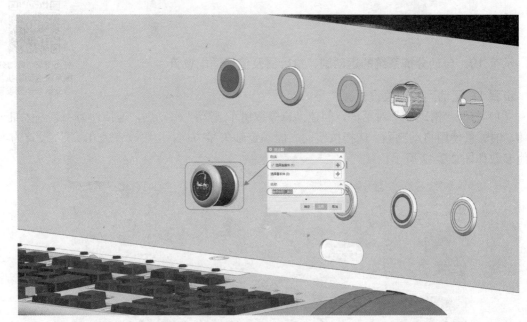

图 2-2-44　"急停按钮1_固定"固定副

（4）打开"铰链副"对话框，创建"急停按钮2_铰链"铰链副，连接件为"急停按钮2"刚体，基本件为"急停按钮1"刚体，轴矢量使用自动判断，选择按钮的表面确定轴矢量方向，锚点选择为按钮的圆心位置，起始角度为 1°，上限为 90°，下限为 0.1°，其他参数如图 2-2-45 所示。

图 2-2-45　"急停按钮2_铰链"铰链副

（5）打开"弹簧阻尼器"对话框，创建"急停按钮 2_弹簧"弹簧阻尼器，轴运动副为"急停按钮 2_铰链"铰链副，弹簧常数、阻尼、松弛位置参数均为 10，其他参数如图 2-2-46 所示。

图 2-2-46　"急停按钮 2_弹簧"弹簧阻尼器

（6）打开"铰链副"对话框，创建"模式切换旋钮_铰链"铰链副，连接件为"模式切换旋钮"刚体，轴矢量使用自动判断，选择旋钮的表面确定轴矢量方向，锚点选择为旋钮的圆心位置，上限设置为 60°，下限设置为 0°，起始角度为 0°，其他参数如图 2-2-47 所示。

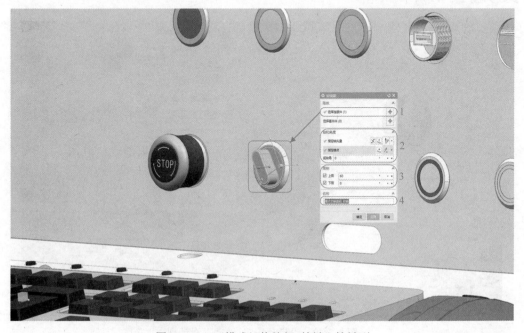

图 2-2-47　"模式切换旋钮_铰链"铰链副

（7）打开"弹簧阻尼器"对话框，创建"模式切换旋钮_弹簧"弹簧阻尼器，轴运动副为"模式切换旋钮_铰链"铰链副，弹簧常数为 10，阻尼为 40000，松弛位置为 10，其他参数如图 2-2-48 所示。

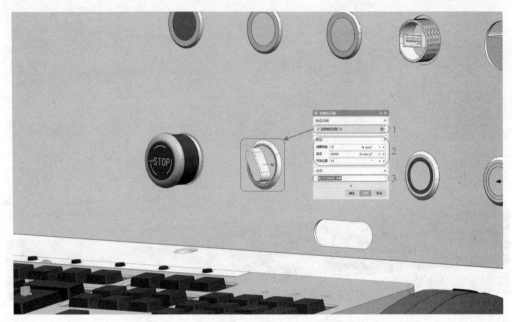

图 2-2-48　"模式切换旋钮_弹簧"弹簧阻尼器

（8）打开"滑动副"对话框，创建"启动按钮_滑动"滑动副，连接件为"启动按钮"刚体，轴矢量使用自动判断，选择按钮的表面确定轴矢量方向，上限为 0mm，下限为-5mm，其他参数如图 2-2-49 所示。

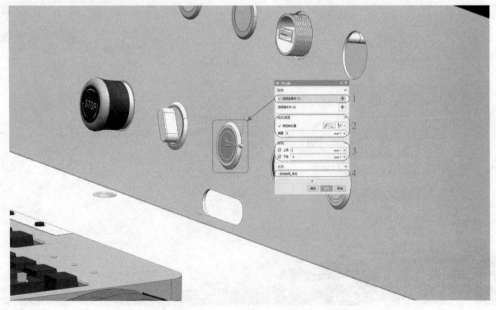

图 2-2-49　"启动按钮_滑动"滑动副

（9）打开"弹簧阻尼器"对话框，创建"启动按钮_弹簧"弹簧阻尼器，轴运动副为"启动按钮_滑动"滑动副，弹簧常数、阻尼、松弛位置参数均为10，其他参数如图2-2-50所示。

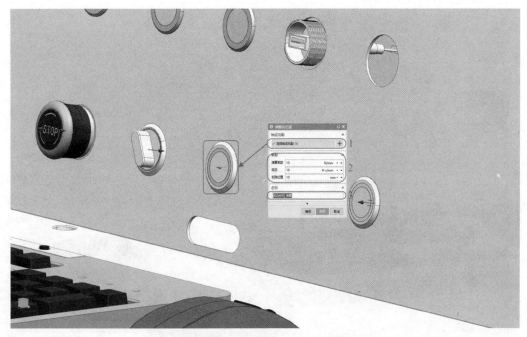

图 2-2-50　"启动按钮_弹簧"弹簧阻尼器

（10）打开"滑动副"对话框，创建"停止按钮_滑动"滑动副，连接件为"停止按钮"，轴矢量使用自动判断，选择按钮的表面确定轴矢量方向，上限为 0，下限为-5mm，其他参数如图 2-2-51 所示。

图 2-2-51　"停止按钮_滑动"滑动副

（11）打开"弹簧阻尼器"对话框，创建"停止按钮_弹簧"弹簧阻尼器，轴运动副为"停止按钮_滑动"滑动副，弹簧常数、阻尼、松弛位置参数均为 10，其他参数如图 2-2-52 所示。

图 2-2-52　"停止按钮_弹簧"弹簧阻尼器

（12）打开"滑动副"对话框，创建"复位按钮_滑动"滑动副，连接件为"复位按钮"刚体，轴矢量使用自动判断，选择按钮的表面确定轴矢量方向，上限设置为 0，下限设置为 -5mm，其他参数如图 2-2-53 所示。

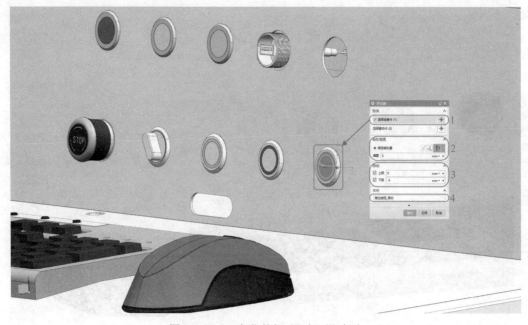

图 2-2-53　"复位按钮_滑动"滑动副

（13）打开"弹簧阻尼器"对话框，创建"复位按钮_弹簧"弹簧阻尼器，轴运动副为"复位按钮_滑动"滑动副，弹簧常数、阻尼、松弛位置参数均为 10，其他参数如图 2-2-54 所示。

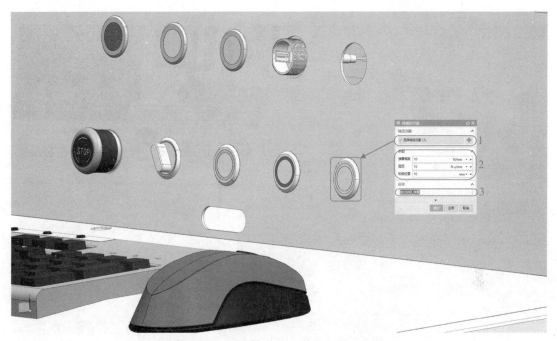

图 2-2-54　"复位按钮_弹簧"弹簧阻尼器

（14）打开"滑动副"对话框，创建"X 轴_滑动"滑动副，连接件为"X 轴"刚体，轴矢量为坐标系的 X 轴方向，其他参数如图 2-2-55 所示。

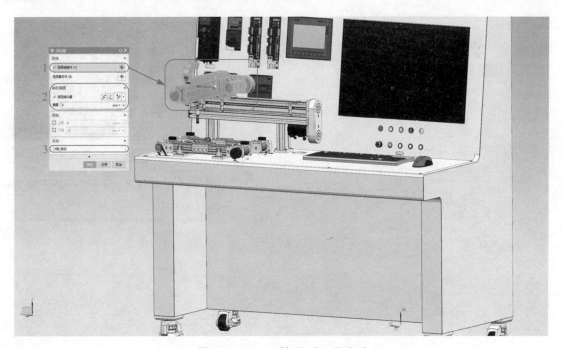

图 2-2-55　"X 轴_滑动"滑动副

（15）打开"滑动副"对话框，创建"Y轴_滑动"滑动副，连接件为"Y轴"刚体，基本件为"X轴"刚体，轴矢量为坐标系的Y轴方向，其他参数如图2-2-56所示。

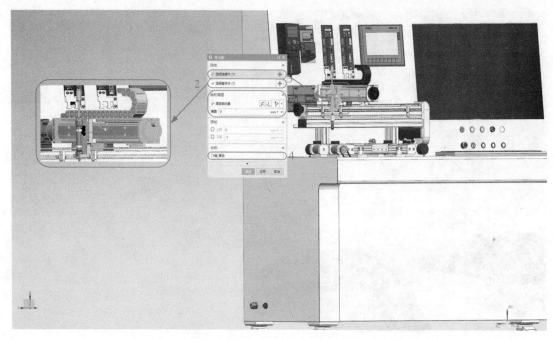

图2-2-56 "Y轴_滑动"滑动副

（16）打开"滑动副"对话框，创建"Z轴气缸_滑动"滑动副，连接件为"Z轴气缸"刚体，基本件为"Y轴"刚体，轴矢量为坐标系的Z轴方向，其他参数如图2-2-57所示。

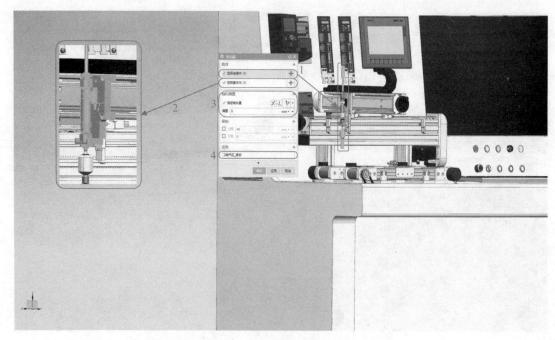

图2-2-57 "Z轴气缸_滑动"滑动副

（17）打开"固定副"对话框，创建"Z 轴气缸_固定"固定副，基本件为"Z 轴气缸"刚体，活动性为关闭，其他参数如图 2-2-58 所示。

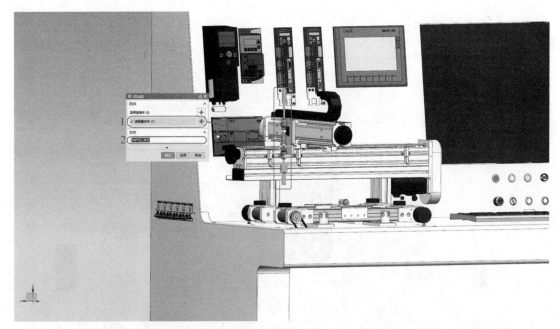

图 2-2-58　"Z 轴气缸_固定"固定副

（18）打开"铰链副"对话框，创建"内齿轮 1_铰链"铰链副，连接件为"内齿轮 1"刚体，轴矢量选择坐标系的 Y 轴方向，锚点选择为齿轮的圆心位置，其他参数如图 2-2-59 所示。

图 2-2-59　"内齿轮 1_铰链"铰链副

（19）打开"铰链副"对话框，创建"内齿轮 2_铰链"铰链副，连接件为"内齿轮 2"刚体，轴矢量选择坐标系的 Y 轴方向，锚点选择为齿轮的圆心位置，其他参数如图 2-2-60 所示。

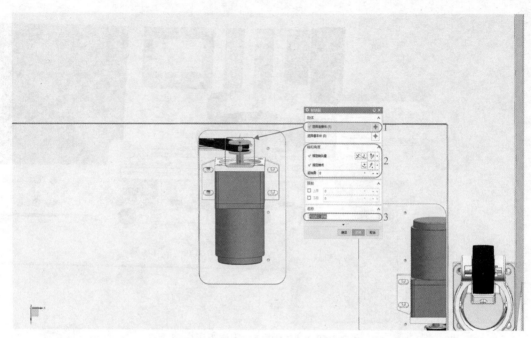

图 2-2-60　"内齿轮 2_铰链"铰链副

（20）打开"铰链副"对话框，创建"外齿轮 1_铰链"铰链副，连接件为"外齿轮 1"刚体，轴矢量选择坐标系的 Y 轴方向，锚点选择为齿轮的圆心位置，其他参数如图 2-2-61 所示。

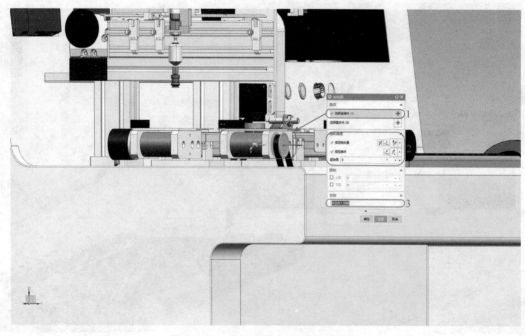

图 2-2-61　"外齿轮 1_铰链"铰链副

（21）打开"铰链副"对话框，创建"外齿轮 2_铰链"铰链副，连接件为"外齿轮 2"刚体，轴矢量选择坐标系的 Y 轴方向，锚点选择为齿轮的圆心位置，其他参数如图 2-2-62 所示。

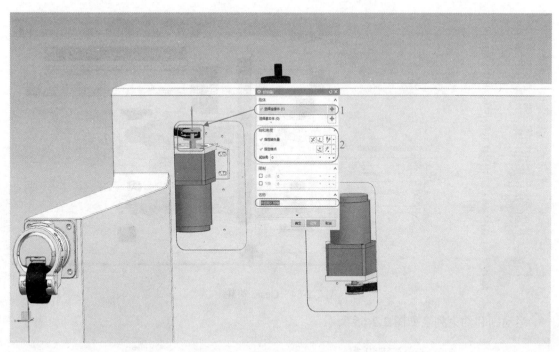

图 2-2-62　"外齿轮 2_铰链"铰链副

（22）打开"齿轮"对话框，创建 Gear1 齿轮，主对象为"外齿轮 2_铰链"铰链副，从对象为"外齿轮 1_铰链"铰链副，其他参数如图 2-2-63 所示。

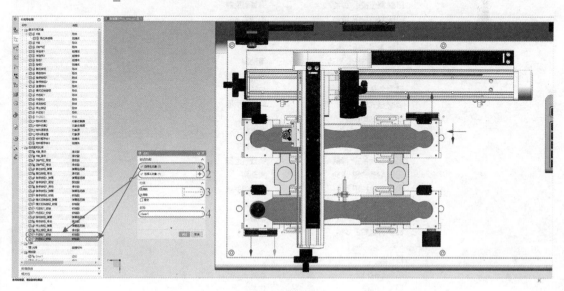

图 2-2-63　Gear1 齿轮

（23）打开"齿轮"对话框，创建 Gear2 齿轮，主对象为"内齿轮 2_铰链"铰链副，从对象为"内齿轮 1_铰链"铰链副，其他参数如图 2-2-64 所示。

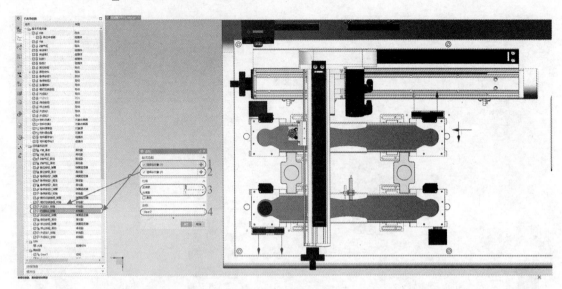

图 2-2-64　Gear2 齿轮

运动副和约束列表如图 2-2-65 所示。

+ 📂 基本机电对象	
- 📂 运动副和约束	
☑ 🔧 X轴_滑动	滑动副
☑ 🔧 Y轴_滑动	滑动副
☑ 🔩 Z轴气缸_固定	固定副
☑ 🔧 Z轴气缸_滑动	滑动副
☑ 🔩 复位按钮_弹簧	弹簧阻尼器
☑ 🔧 复位按钮_滑动	滑动副
☑ 🔩 急停按钮1_弹簧	弹簧阻尼器
☑ 🔩 急停按钮1_固定	固定副
☑ 🔧 急停按钮1_滑动	滑动副
☑ 🔩 急停按钮2_弹簧	弹簧阻尼器
☑ 🔩 急停按钮2_铰链	铰链副
☑ 🔩 模式切换旋钮_弹簧	弹簧阻尼器
☑ 🔩 模式切换旋钮_铰链	铰链副
☑ 🔩 内齿轮1_铰链	铰链副
☑ 🔩 内齿轮2_铰链	铰链副
☑ 🔩 启动按钮_弹簧	弹簧阻尼器
☑ 🔧 启动按钮_滑动	滑动副
☑ 🔩 停止按钮_弹簧	弹簧阻尼器
☑ 🔧 停止按钮_滑动	滑动副
☑ 🔩 外齿轮1_铰链	铰链副
☑ 🔩 外齿轮2_铰链	铰链副
+ 📂 材料	
- 📂 耦合副	
☑ 🔧 Gear1	齿轮
☑ 🔧 Gear2	齿轮

图 2-2-65　运动副和约束列表

步骤 2：执行器设置。

（1）打开"显示更改器"对话框，创建"红灯"显示更改器，选择对象为黄色高亮部分，颜色为 50 号色，其他参数如图 2-2-66 所示。

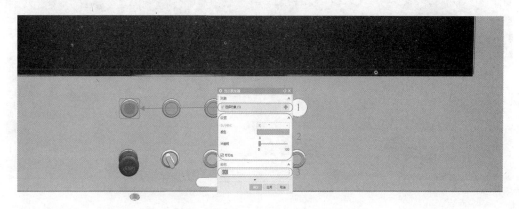

图 2-2-66　"红灯"显示更改器

（2）打开"显示更改器"对话框，创建"黄灯"显示更改器，选择对象为黄色高亮部分，颜色为 50 号色，其他参数如图 2-2-67 所示。

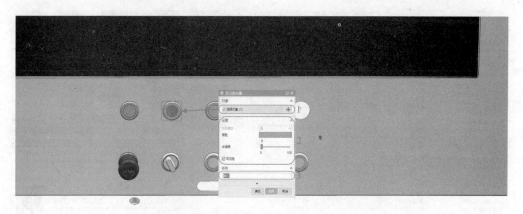

图 2-2-67　"黄灯"显示更改器

（3）打开"显示更改器"对话框，创建"绿灯"显示更改器，选择对象为黄色高亮部分，颜色为 50 号色，其他参数如图 2-2-68 所示。

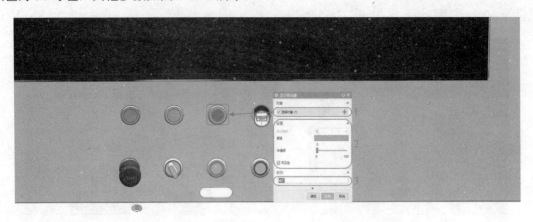

图 2-2-68　"绿灯"显示更改器

（4）打开"位置控制"对话框，创建"X 轴_位置控制"位置控制，选择对象为"X 轴_滑动"滑动副，速度设置为 100mm/s，其他参数如图 2-2-69 所示。

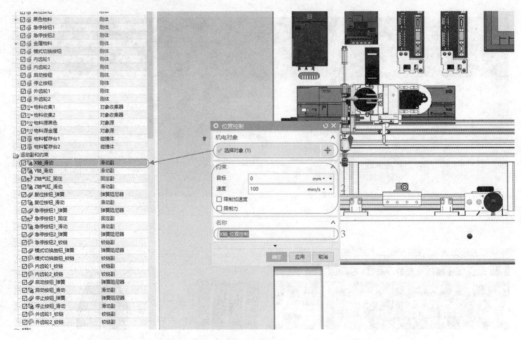

图 2-2-69　"X 轴_位置控制"位置控制

（5）打开"位置控制"对话框，创建"Y 轴_位置控制"位置控制，选择对象为"Y 轴_滑动"滑动副，速度设置为 100mm/s，其他参数如图 2-2-70 所示。

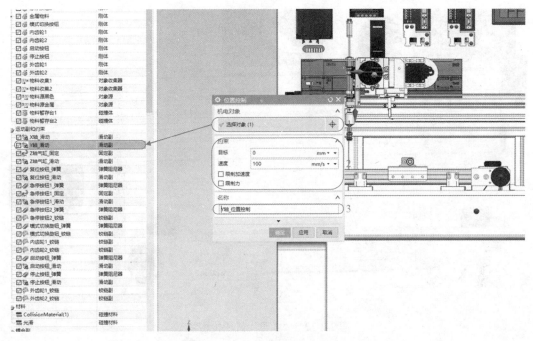

图 2-2-70　"Y 轴_位置控制"位置控制

（6）打开"位置控制"对话框，创建"Z 轴气缸_位置控制"位置控制，选择对象为"Z 轴气缸_滑动"滑动副，速度设置为 100mm/s，其他参数如图 2-2-71 所示。

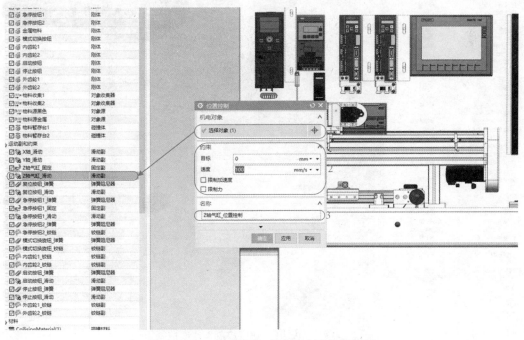

图 2-2-71　"Z 轴气缸_位置控制"位置控制

（7）打开"碰撞传感器"对话框，创建"吸盘"碰撞传感器，选择对象为黄色高亮部分，碰撞形状为"圆柱"，形状属性为"自动"，其他参数如图 2-2-72 所示。

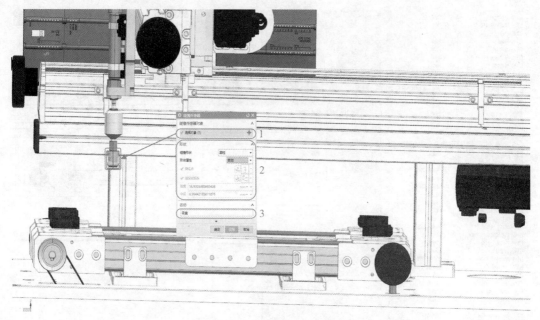

图 2-2-72　"吸盘"碰撞传感器

（8）打开"速度控制"对话框，创建"内齿轮_速度控制"速度控制，选择对象为"内齿轮 2_铰链"铰链副，速度设置为 100°/s，其他参数如图 2-2-73 所示。

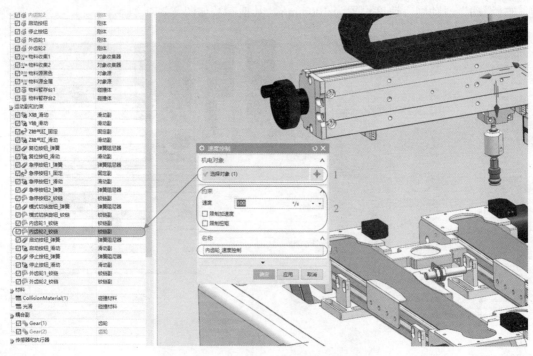

图 2-2-73　"内齿轮_速度控制"速度控制

（9）打开"速度控制"对话框，创建"外齿轮_速度控制"速度控制，选择对象为"外齿轮 2_铰链"铰链副，速度设置为 100°/s，其他参数如图 2-2-74 所示。

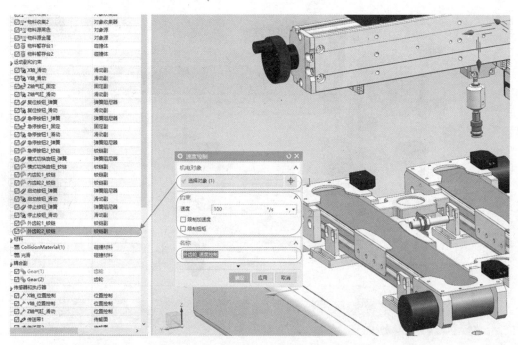

图 2-2-74　"外齿轮_速度控制"速度控制

（10）打开"传输面"对话框，创建"传送带 1"传输面，选择面为黄色高亮部分，矢量方向为坐标系的 X 轴方向，其他参数如图 2-2-75 所示。

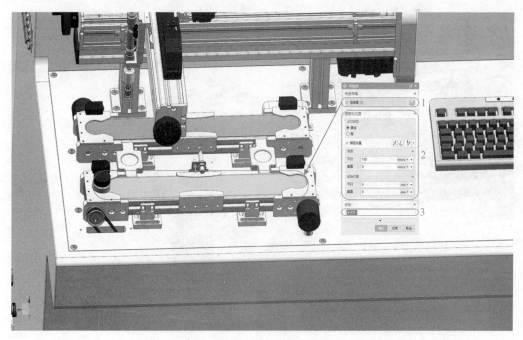

图 2-2-75　"传送带 1"传输面

（11）打开"传输面"对话框，创建"传送带 2"传输面，选择面为黄色高亮部分，矢量方向为坐标系的 X 轴方向，其他参数如图 2-2-76 所示。

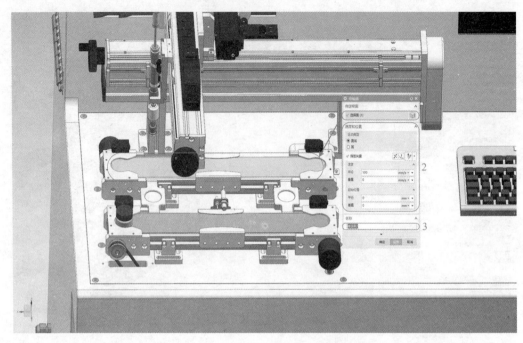

图 2-2-76　"传送带 2"传输面

（12）打开"碰撞传感器"对话框，创建"金属传感器"碰撞传感器，选择对象为黄色高亮部分，碰撞形状为圆柱，高度为 18mm，半径为 8mm，类别为 7，其他参数如图 2-2-77 所示。

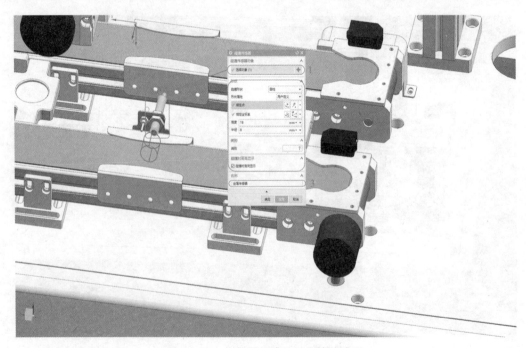

图 2-2-77　"金属传感器"碰撞传感器

（13）打开"碰撞传感器"对话框，创建"物料传感器"碰撞传感器，选择对象为黄色高亮部分，碰撞形状为"圆柱"，高度为 17mm，半径为 5mm，其他参数如图 2-2-78 所示。

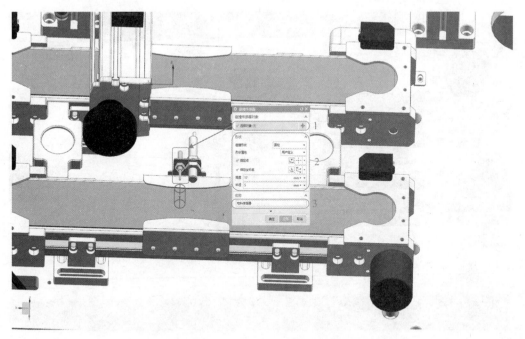

图 2-2-78　"物料传感器"碰撞传感器

（14）打开"碰撞传感器"对话框，创建"外有料传感器"碰撞传感器，选择对象为黄色高亮部分，碰撞形状为"直线"，长度为 33mm，其他参数如图 2-2-79 所示。

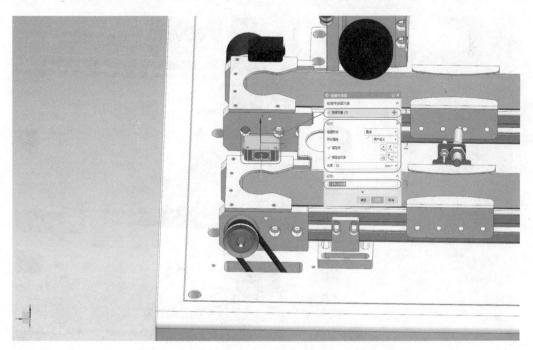

图 2-2-79　"外有料传感器"碰撞传感器

（15）打开"碰撞传感器"对话框，创建"外到料传感器"碰撞传感器，选择对象为黄色高亮部分，碰撞形状为"直线"，长度为 33mm，其他参数如图 2-2-80 所示。

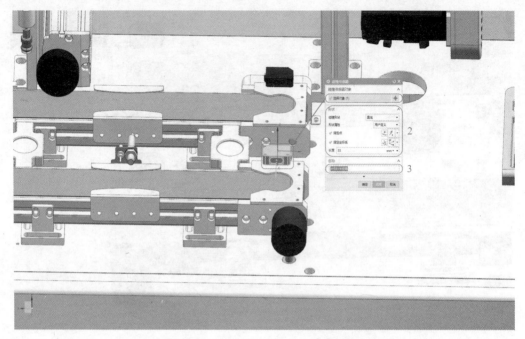

图 2-2-80　"外到料传感器"碰撞传感器

（16）打开"碰撞传感器"对话框，创建"内到料传感器"碰撞传感器，选择对象为黄色高亮部分，碰撞形状为"直线"，长度为 33mm，其他参数如图 2-2-81 所示。

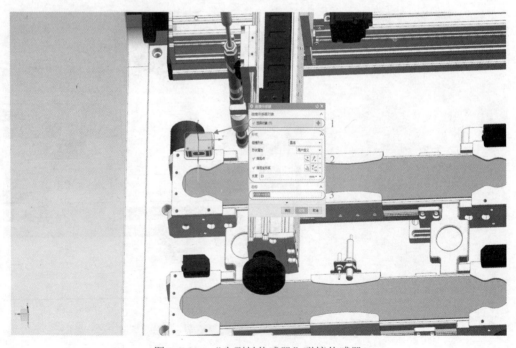

图 2-2-81　"内到料传感器"碰撞传感器

（17）打开"碰撞传感器"对话框，创建"内有料传感器"碰撞传感器，选择对象为黄色高亮部分，碰撞形状为"直线"，长度为 33mm，其他参数如图 2-2-82 所示。

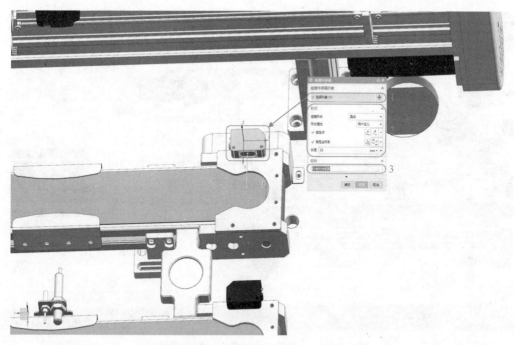

图 2-2-82　"内有料传感器"碰撞传感器

（18）打开"碰撞传感器"对话框，创建"收集 1 传感器"碰撞传感器，选择对象为黄色高亮部分，碰撞形状为"圆柱"，高度为 20mm，半径为 15mm，其他参数如图 2-2-83 所示。

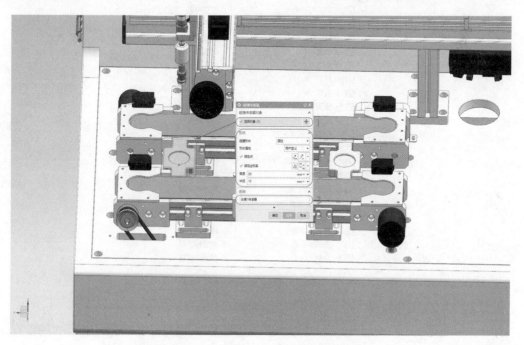

图 2-2-83　"收集 1 传感器"碰撞传感器

（19）打开"碰撞传感器"对话框，创建"收集2传感器"碰撞传感器，选择对象为黄色高亮部分，碰撞形状为"圆柱"，高度为20mm，半径为15mm，其他参数如图2-2-84所示。

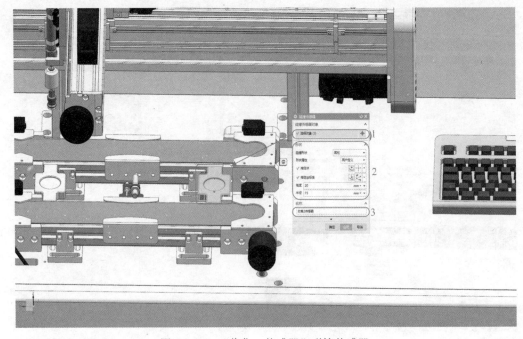

图2-2-84　"收集2传感器"碰撞传感器

传感器和执行器列表如图2-2-85所示。

传感器和执行器	
☑ X轴_位置控制	位置控制
☑ Y轴_位置控制	位置控制
☑ Z轴气缸_位置控制	位置控制
☑ 传送带1	传输面
☑ 传送带2	传输面
☑ 红灯	显示更改器
☑ 黄灯	显示更改器
☑ 金属传感器	碰撞传感器
☑ 绿灯	显示更改器
☑ 内齿轮_速度控制	速度控制
☑ 内到料传感器	碰撞传感器
☑ 内有料传感器	碰撞传感器
☑ 收集1传感器	碰撞传感器
☑ 收集2传感器	碰撞传感器
☑ 外齿轮_速度控制	速度控制
☑ 外到料传感器	碰撞传感器
☑ 外有料传感器	碰撞传感器
☑ 物料传感器	碰撞传感器
☑ 吸盘	碰撞传感器

图2-2-85　传感器和执行器列表

步骤3：信号适配器设置。

打开"信号适配器"对话框，命名为"信号适配器"，进行参数、信号和公式的设置，如图2-2-86～图2-2-88所示。

图 2-2-86　信号适配器—参数部分

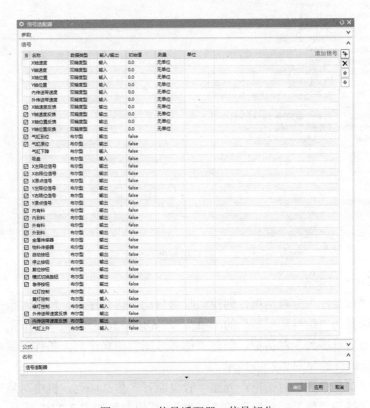

图 2-2-87　信号适配器—信号部分

指派为	公式	附注
内传送带	内传送带速度	
外传送带	外传送带速度	
内齿轮速度	内传送带速度	
外齿轮速度	外传送带速度	
X轴_速度	If (X轴速度>=0.1|X轴速度<=-0.1) Then (Y轴速度) Else (100)	
X轴_位置	X轴位置	
Y轴_速度	If (Y轴速度>=0.1|Y轴速度<=-0.1) Then (Y轴速度) Else (100)	
Y轴_位置	Y轴位置	
气缸_位置	If (气缸下降=1&气缸上升=0) Then (46) Else (0)	
急停固定	If (急停滑动<=-3&急停铰链<=30) Then (true) Else (false)	
红灯	1	
黄灯	1	
绿灯	1	
红灯颜色	If (红灯控制) Then (155) Else (1)	
黄灯颜色	If (黄灯控制) Then (46) Else (1)	
绿灯颜色	If (绿灯控制) Then (69) Else (1)	
X轴速度反馈	X轴_速度 /1[mm/s]	
Y轴速度反馈	Y轴_速度 /1[mm/s]	
X轴位置反馈	X轴_位置 /1[mm]	
Y轴位置反馈	Y轴_位置 /1[mm]	
气缸到位	If (气缸>=46) Then (true) Else (false)	
气缸原位	If (气缸<=1) Then (true) Else (false)	
X左限位信号	If (X轴_位置<=-88) Then (true) Else (false)	
X右限位信号	If (X轴_位置>=385) Then (true) Else (false)	
X原点信号	If (X轴_位置>=-2|X轴_位置<=2) Then (true) Else (false)	
Y左限位信号	If (Y轴_位置<=-28) Then (true) Else (false)	
Y右限位信号	If (Y轴_位置>=271) Then (true) Else (false)	
Y原点信号	If (Y轴_位置>=-2|Y轴_位置<=2) Then (true) Else (false)	
内有料	内有料传感	
内到料	内到料传感	
外有料	外有料传感	
外到料	外到料传感	
金属传感器	金属检测	
物料传感器	物料检测	
启动按钮	If (启动<=-2) Then (true) Else (false)	
停止按钮	If (停止<=-2) Then (true) Else (false)	
复位按钮	If (复位<=-2) Then (true) Else (false)	
模式切换旋钮	If (模式>=55&模式<=90) Then (true) Else (false)	
急停按钮	If (急停固定) Then (false) Else (true)	
外传送带速...	外传送带/1[mm/s]	
内传送带速...	内传送带/1[mm/s]	

图 2-2-88　信号适配器—公式部分

步骤 4：仿真序列设置。

（1）打开"仿真序列"对话框，创建"吸盘启动"仿真序列，机电对象选择为"Z 轴气缸"，条件对象选择为"信号适配器"的"吸盘"，其他参数如图 2-2-89 所示。

（2）打开"仿真序列"对话框，创建"信号过滤"仿真序列，条件对象选择为"吸盘"，时间为 0.71s，其他参数如图 2-2-90 所示。

（3）打开"仿真序列"对话框，创建"吸盘断开"仿真序列，机电对象选择为"Z 轴气缸"，条件对象选择为"信号适配器"的"吸盘"，其他参数如图 2-2-91 所示。

图 2-2-89　"吸盘启动"仿真序列

图 2-2-90　"信号过滤"仿真序列

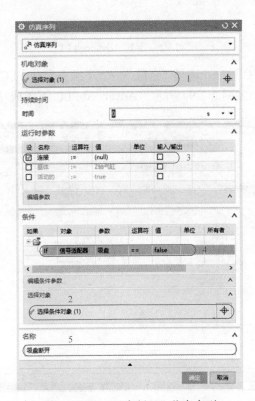

图 2-2-91　"吸盘断开"仿真序列

任务 2.3　基于 PLCSIM Adv.的自动分拣系统虚拟调试

【任务示范】

示范 20：基于 PLCSIM Adv.的自动分拣系统虚拟调试

步骤 1：创建 S7-PLCSIM Advanced V2.0 SP1，如图 2-2-92 所示。

任务 2.3　基于
PLCSIM Adv 的自动
分拣系统虚拟调试

图 2-2-92　新建 Advanced PLC

步骤 2：下载博途 PLC 程序，选择"在线"→"下载并复位 PLC 程序"命令，如图 2-2-93 所示。博途 PLC 下载成功如图 2-2-94 所示，Advanced PLC 下载成功如图 2-2-95 所示。

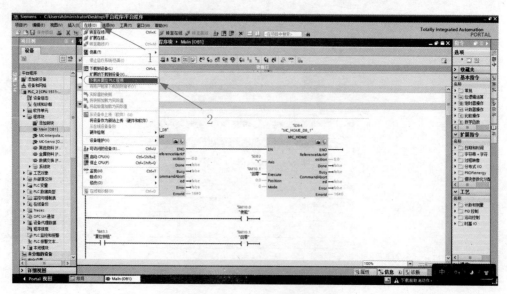

图 2-2-93　下载 PLC 程序

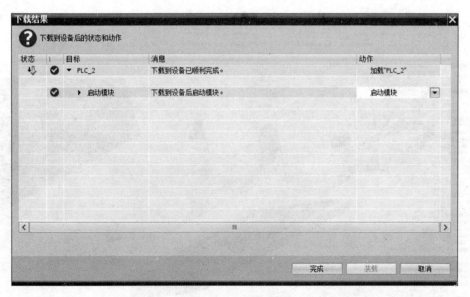

图 2-2-94　下载成功

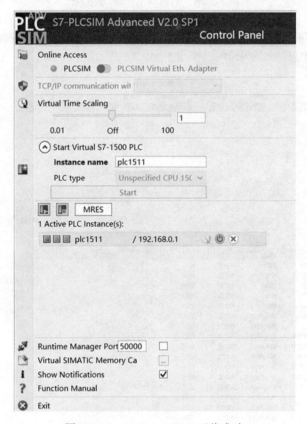

图 2-2-95　Advanced PLC 下载成功

步骤 3：打开"高谱展示平台_step.prt"，如图 2-2-96 所示。

步骤 4：进行外部信号配置，如图 2-2-97 所示。

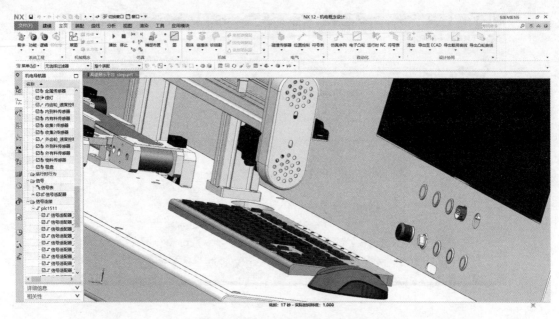

图 2-2-96　高谱展示平台_step.prt

图 2-2-97　外部信号配置

步骤 5：信号映射，执行自动映射结果如图 2-2-98 所示。

图 2-2-98　信号映射

步骤 6：单击"播放"按钮，如图 2-2-99 所示，先按下黄色"复位"按钮，再按下绿色"启动"按钮，如图 2-2-100 所示。

图 2-2-99　"播放"按钮

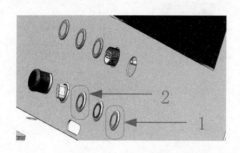

图 2-2-100　复位并启动

【实践训练】

完成"任务 2"的训练任务。

考核评分

实践任务考核评分表见表 2-2-1。

表 2-2-1　实践任务考核评分表

评分项目	考核标准	权重	得分
配置 S7-PLCSIM Advanced 软件	能按照任务示范完成相关的设置	10%	
创建 MCD 项目	完成任务 2 MCD 搭建，正确合理	30%	
创建 PLC 项目	能编写完整的 PLC 控制程序并进行触摸屏界面设置	40%	
MCD 与 PLC 信号映射	信号映射准确无误，完成虚拟调试	20%	